New Wun Ching Developmental Publishing Co., Ltd.

New Age · New Choice · The Best Selected Educational Publications — NEW WCDP

第 **3** 版

化學
CHEMISTRY

THIRD EDITION

紀致中 | 編著

週 期 表

圖例：

1	—	原子序
氫 H	—	元素名稱 / 元素符號
1.008	—	原子量

分類：非金屬、金屬、過渡金屬、內過渡金屬、非金屬

主表

週期	1 IA	2 IIA	3 IIIB	4 IVB	5 VB	6 VIB	7 VIIB	8	9 VIIIB	10	11 IB	12 IIB	13 IIIA	14 IVA	15 VA	16 VIA	17 VIIA	18 VIIIA
1	1 氫 H 1.008																	2 氦 He 4.003
2	3 鋰 Li 6.941	4 鈹 Be 9.012											5 硼 B 10.811	6 碳 C 12.011	7 氮 N 14.007	8 氧 O 15.999	9 氟 F 18.998	10 氖 Ne 20.180
3	11 鈉 Na 22.990	12 鎂 Mg 21.305											13 鋁 Al 26.982	14 矽 Si 28.086	15 磷 P 30.974	16 硫 S 32.066	17 氯 Cl 35.453	18 氬 Ar 39.948
4	19 鉀 K 39.098	20 鈣 Ca 40.078	21 鈧 Sc 44.956	22 鈦 Ti 47.88	23 釩 V 50.942	24 鉻 Cr 51.996	25 錳 Mn 54.938	26 鐵 Fe 55.847	27 鈷 Co 58.933	28 鎳 Ni 58.69	29 銅 Cu 63.546	30 鋅 Zn 65.39	31 鎵 Ga 69.723	32 鍺 Ge 72.61	33 砷 As 74.922	34 硒 Se 78.96	35 溴 Br 79.904	36 氪 Kr 83.80
5	37 銣 Rb 85.468	38 鍶 Sr 87.62	39 釔 Y 88.906	40 鋯 Zr 91.224	41 鈮 Nb 92.906	42 鉬 Mo 95.94	43 鎝 Tc (98)	44 釕 Ru 101.07	45 銠 Rh 102.906	46 鈀 Pd 106.42	47 銀 Ag 107.868	48 鎘 Cd 112.411	49 銦 In 114.82	50 錫 Sn 118.710	51 銻 Sb 121.75	52 碲 Te 127.60	53 碘 I 126.904	54 氙 Xe 131.29
6	55 銫 Cs 132.905	56 鋇 Ba 137.327	鑭系元素 (57–71)	72 鉿 Hf 178.49	73 鉭 Ta 180.948	74 鎢 W 183.85	75 錸 Re 186.207	76 鋨 Os 190.2	77 銥 Ir 192.22	78 鉑 Pt 195.08	79 金 Au 196.966	80 汞 Hg 200.59	81 鉈 Tl 204.383	82 鉛 Pb 207.2	83 鉍 Bi 208.980	84 釙 Po (209)	85 砈 At (210)	86 氡 Rn (222)
7	87 鍅 Fr (223)	88 鐳 Ra 226.025	錒系元素 (89–103)	104 鑪 Rf (261)	105 𨧀 Db (262)	106 𨭎 Sg (263)	107 𨨏 Bh (262)	108 𨭆 Hs (265)	109 䥑 Mt (267)	110 鐽 Ds (269)	111 錀 Rg (272)	112 鎶 Cn (285)	113 鉨 Nh (286)	114 鈇 Fl (289)	115 鏌 Mc (290)	116 鉝 Lv (293)	117 鿬 Ts (294)	118 鿫 Og (294)

內過渡金屬

*鑭系元素

57 鑭 La 138.906	58 鈰 Ce 140.115	59 鐠 Pr 140.908	60 釹 Nd 144.24	61 鉕 Pm (145)	62 釤 Sm 150.36	63 銪 Eu 151.965	64 釓 Gd 157.25	65 鋱 Tb 158.925	66 鏑 Dy 162.50	67 鈥 Ho 164.930	68 鉺 Er 167.26	69 銩 Tm 168.934	70 鐿 Yb 173.04	71 鎦 Lu 174.967

**錒系元素

89 錒 Ac 227.028	90 釷 Th 232.038	91 鏷 Pa 231.036	92 鈾 U 238.029	93 錼 Np 237.048	94 鈽 Pu (244)	95 鋂 Am (243)	96 鋦 Cm (247)	97 鉳 Bk (247)	98 鉲 Cf (251)	99 鑀 Es (252)	100 鐨 Fm (257)	101 鍆 Md (258)	102 鍩 No (259)	103 鐒 Lr (260)

週 期 表

圖例：
- 1 — 原子序
- 氫 **H** — 元素名稱、元素符號
- 1.008 — 原子量

週期	1 IA	2 IIA	3 IIIB	4 IVB	5 VB	6 VIB	7 VIIB	8 VIII	9 VIII	10	11 IB	12 IIB	13 IIIA	14 IVA	15 VA	16 VIA	17 VIIA	18 VIIIA
1	1 氫 **H** 1.008																	2 氦 **He** 4.003
2	3 鋰 **Li** 6.941	4 鈹 **Be** 9.012											5 硼 **B** 10.811	6 碳 **C** 12.011	7 氮 **N** 14.007	8 氧 **O** 15.999	9 氟 **F** 18.998	10 氖 **Ne** 20.180
3	11 鈉 **Na** 22.990	12 鎂 **Mg** 21.305											13 鋁 **Al** 26.982	14 矽 **Si** 28.086	15 磷 **P** 30.974	16 硫 **S** 32.066	17 氯 **Cl** 35.453	18 氬 **Ar** 39.948
4	19 鉀 **K** 39.098	20 鈣 **Ca** 40.078	21 鈧 **Sc** 44.956	22 鈦 **Ti** 47.88	23 釩 **V** 50.942	24 鉻 **Cr** 51.996	25 錳 **Mn** 54.938	26 鐵 **Fe** 55.847	27 鈷 **Co** 58.933	28 鎳 **Ni** 58.69	29 銅 **Cu** 63.546	30 鋅 **Zn** 65.39	31 鎵 **Ga** 69.723	32 鍺 **Ge** 72.61	33 砷 **As** 74.922	34 硒 **Se** 78.96	35 溴 **Br** 79.904	36 氪 **Kr** 83.80
5	37 銣 **Rb** 85.468	38 鍶 **Sr** 87.62	39 釔 **Y** 88.906	40 鋯 **Zr** 91.224	41 鈮 **Nb** 92.906	42 鉬 **Mo** 95.94	43 鎝 **Tc** (98)	44 釕 **Ru** 101.07	45 銠 **Rh** 102.906	46 鈀 **Pd** 106.42	47 銀 **Ag** 107.868	48 鎘 **Cd** 112.411	49 銦 **In** 114.82	50 錫 **Sn** 118.710	51 銻 **Sb** 121.75	52 碲 **Te** 127.60	53 碘 **I** 126.904	54 氙 **Xe** 131.29
6	55 銫 **Cs** 132.905	56 鋇 **Ba** 137.327	鑭系元素 (57–71)	72 鉿 **Hf** 178.49	73 鉭 **Ta** 180.948	74 鎢 **W** 183.85	75 錸 **Re** 186.207	76 鋨 **Os** 190.2	77 銥 **Ir** 192.22	78 鉑 **Pt** 195.08	79 金 **Au** 196.966	80 汞 **Hg** 200.59	81 鉈 **Tl** 204.383	82 鉛 **Pb** 207.2	83 鉍 **Bi** 208.980	84 釙 **Po** (209)	85 砈 **At** (210)	86 氡 **Rn** (222)
7	87 鍅 **Fr** (223)	88 鐳 **Ra** 226.025	錒系元素 (89–103)	104 鑪 **Rf** (261)	105 𨧀 **Db** (262)	106 𨭎 **Sg** (263)	107 𨨏 **Bh** (262)	108 𨭆 **Hs** (265)	109 䥑 **Mt** (267)	110 鐽 **Ds** (269)	111 錀 **Rg** (272)	112 鎶 **Cn** (285)	113 鉨 **Nh** (286)	114 鈇 **Fl** (289)	115 鏌 **Mc** (290)	116 鉝 **Lv** (293)	117 鿬 **Ts** (294)	118 鿫 **Og** (294)

*鑭系元素

57 鑭 **La** 138.906	58 鈰 **Ce** 140.115	59 鐠 **Pr** 140.908	60 釹 **Nd** 144.24	61 鉕 **Pm** (145)	62 釤 **Sm** 150.36	63 銪 **Eu** 151.965	64 釓 **Gd** 157.25	65 鋱 **Tb** 158.925	66 鏑 **Dy** 162.50	67 鈥 **Ho** 164.930	68 鉺 **Er** 167.26	69 銩 **Tm** 168.934	70 鐿 **Yb** 173.04	71 鎦 **Lu** 174.967

**錒系元素

89 錒 **Ac** 227.028	90 釷 **Th** 232.038	91 鏷 **Pa** 231.036	92 鈾 **U** 238.029	93 錼 **Np** 237.048	94 鈽 **Pu** (244)	95 鋂 **Am** (243)	96 鋦 **Cm** (247)	97 鉳 **Bk** (247)	98 鉲 **Cf** (251)	99 鑀 **Es** (252)	100 鐨 **Fm** (257)	101 鍆 **Md** (258)	102 鍩 **No** (259)	103 鐒 **Lr** (260)

　　本書主要是依據教育部發布最新技專校院「化學」課程標準及相關化學知識編撰而成，適合 2~4 學分課程及鮮有化學方面背景的初學者使用。為培養讀者學習興趣，奠定化學紮實的根基，本書力求圖文並列、新穎詳實，且具備下列各項特色：

1. 本書配合實驗活動，提供學生進一步探討學習，以印證學習理論，培養學生實驗操作能力。

2. 本書在每一章的內文中均附有學習例題，以幫助學生能把握學習重點，提高學習成效。

3. 本書在各章節內附有例題或習題，可加強學生對問題的理解性及演練機會。

4. 本書略去化學中複雜的計算，而以深入淺出的闡述讓學生能夠輕鬆地探索化學世界。

5. 本書以學生既有的知識或經驗為基礎，所舉的實例皆是貼近生活，以引起學習的動機。

　　了解化學在生活中處處可見，藉由生活經驗，或例舉新聞事件，引起學生的動機。激發學生喜愛化學，主動深入問題，培養探究實作的能力。本書編寫方式採取講習與實驗並重，使學生能夠從學習過程中瞭解化學的一般觀念，增進對化學領域的知識，以培養學生具備化學基本素養、科學態度並熟悉科學方法，以適應社會變遷，且能理解並判斷媒體報導中與科學相關之內容，成為具有科學素養之公民。

　　此版主要以勘正疏誤為主，盼能提供讀者最正確之資訊及內容。

　　化學領域浩瀚無涯，加以科學進步神速、日新月異，本書在編寫過程中，雖力求謹慎，校稿嚴謹，並經悉心校訂書中內容，仍恐不免有疏漏之處，還望教學先進不吝賜教指正，使臻完善。

編著者　謹識

目　錄
CONTENTS

實　驗

CHAPTER

01 緒 論

本章內容主要介紹化學的基本概念、物質的分類、物質的理化特性以及質能不滅、化學測量與有效數字等問題,以做為進一步研習化學的基礎。

1-1 化學的研究
(The Study of Chemistry)

化學(chemistry)是自然科學之一門,其研究目標是:(1)物質(substance)的組成及特性,(2)物質變化及變化過程中之必備條件,(3)物質與能量之關係,(4)物質之提煉及精製。

進行科學的研究一般包括三項步驟:(1)**觀察**(observation),(2)**評價**(evaluation),(3)**實驗**(experiment)。一個科學理論在形成以前,必須先由觀察或實驗獲得一些資料;對於實驗結果的解釋,必須以邏輯或理論方法來進行。

化學研究的方向有日益廣闊的現象,從傳統的四大基本領域(有機化學、無機化學、分析化學、物理化學)到近期的生物化學、農業化學、醫藥化學等,尤其是最近熱門的核化學、高分子化學、材料化學、環境化學等,無不對人類生活有深遠的影響。

我們日常生活與化學是密不可分的,無論食、衣、住、行、育、樂各方面都牽扯到化學。上古人類因發現「火」而由生食進入熟食,利用火來進一步保存食物;利用火來製造工具,由石器變成青銅器或鐵器,煤的使用改變了生產的方式,發生了工業革命;石油的生產,更進一步促進世界工商業發展、各種合成的藥品的發明,有效地治療人類的各種疾病,延長人類的生命。事實上,化學使我們近代的生活更加改善、充實。食物營養的改善,醫藥的進步,塑膠取代了過去笨重的金屬、陶瓷製日用品,聚乙烯(PE)塑膠袋用於各類貨品的包裝,PE垃圾袋的應用使我們生活環境更加清潔。此外,汽油的提煉,石化工業的產品,如人造纖維、人造橡膠、染料、藥品、清潔劑、農藥等的製造,真是不勝枚舉。化學的研究發展確實使人類的生活往前邁進一大步。

雖然化學工業的發展，改善了我們的生活品質，但由於生產過程所排出的各種廢棄物、火藥的發明造成戰爭的大量殺戮，原子彈更是威力強大、抗生素的發明及濫用，造成病毒產生抗藥性、工業的發展，造成環境汙染、溫室效應加劇、臭氧層破洞以及我們使用後所丟棄具有危害性的化學物品，汙染了大自然，更破壞了原有的自然景觀，其嚴重性是當初發展化學工業時所始料未及的。因此，今後的化學研究與發展，必須兼顧評估「利」與「弊」兩方面的影響。

1-2 物質的分類
(Classification of Matter)

凡是占有空間、具有質量而能由感官察覺其存在的，稱為**物質**。化學家把存在於地球上的各種物質，依其組成分為純物質及混合物兩大類。

一、純物質

具有一定組成和性質的物質稱為**純物質**(pure matter)，其又分為兩類：

A. 元素(Elements)

即用普通的化學方法不能再分解成更簡單的物質，稱為**元素**。元素是由同一種原子所組成，如金、銀、銅、鐵、氧、氫、硫磺、石墨、金剛石等。

元素是組成物質的最簡單成分，目前國際公認的元素共有 115 種。地殼的組成含量最多的元素為氧(O)，約占一半；其次為矽(Si)，約占四分之一；再其次為鋁(Al)、鐵(Fe)、鈣(Ca)、鈉(Na)等。如表 1-1 所示。

表 1-1 組成地殼的元素及其含量（以重量百分率計）

元素	氧(O)	矽(Si)	鋁(Al)	鐵(Fe)	鈣(Ca)	鈉(Na)	鉀(K)	鎂(Mg)	氫(H)	鈦(Ti)	氯(Cl)	其他
百分率	49.5	25.7	7.5	4.7	3.4	2.6	2.4	1.9	0.9	0.6	0.2	0.6

　　若以整個地球來計算，因地核為固態及熔融狀態的鐵（含少量的鎳、鈷），故含量最多的元素為鐵(Fe)，約占 40%；其次為氧(O)，約占 28%；再其次為矽(Si)、鎂(Mg)、鎳(Ni)、鈣(Ca)等。如表 1-2 所示。

表 1-2 組成整個地球的元素及其含量（以重量百分率計）

元素	鐵(Fe)	氧(O)	矽(Si)	鎂(Mg)	鎳(Ni)	鈣(Ca)	鋁(Al)	硫(S)	鈉(Na)	鈷(Co)	鉻(Cr)	其他
百分率	39.8	27.7	14.5	8.7	3.2	2.5	1.8	0.6	0.4	0.2	0.2	0.4

　　人體中含量最多的元素為氧(O)，占 65%；其次為碳(C)，占 18%；再其次為氫(H)、氮(N)、鈣(Ca)等。如表 1-3 所示。

表 1-3 組成人體的元素及其含量（以重量百分率計）

元素	氧(O)	碳(C)	氫(H)	氮(N)	鈣(Ca)	磷(P)	其他
百分率	65	18	10	3	2	1	1

B. 化合物(Compounds)

　　由兩種或兩種以上的元素依一定的比例所組成，不能以過濾、蒸餾等普通的物理方法再加以分為更簡單的物質，稱為**化合物**。如水(H_2O)、氯化鈉(NaCl)、蔗糖($C_{12}H_{22}O_{11}$)等。

　　將水(H_2O)電解可得氫氣(H_2)及氧氣(O_2)，將熔融食鹽(NaCl)電解可得金屬鈉(Na)及氯氣(Cl_2)，這種能用電解等化學方法將純物質分解成兩種或兩種以上的元素，稱為**化合物**(compounds)。反之，可將氫(H_2)與氧(O_2)化合成水(H_2O)，將鈉(Na)與氯(Cl_2)化合成氯化鈉(NaCl)。

二、混合物(Mixture)

　　沒有一定的組成，可以用過濾、蒸餾等普通物理方法分為更簡單的物質。混合物又可分為**均勻混合物**和**非均勻混合物**兩種。

A. 均勻混合物

　　兩種或兩種以上的元素或化合物很均勻的混合，我們稱之為**溶液** (solution)，如空氣、糖水、食鹽水、各種合金、玻璃等。

B. 非均勻混合物

　　各物質的混合沒有一定的比例，每一小部分的成分也不盡相同，如土壤、水泥等。

　　茲將物質的分類歸納如圖 1-1。

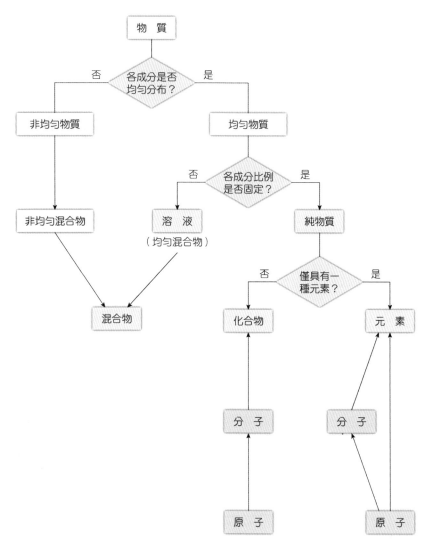

🔵 **圖 1-1** 物質的分類

1-3 物質的三態
(Three States of Matter)

冬天的時候，在玻璃窗上常可看到空氣中水蒸氣所凝結成的水珠子。將一碗水擺在冰箱的冷凍庫裡，不久會結成冰。像這樣，氣體冷卻成液體，液體再冷凍成固體。

物質的三態是**氣態**(gas phase)、**液態**(liquid phase)和**固態**(solid phase)。水的三態便是**水蒸氣**、**水**和**冰**。除了特殊情況下，大多數的物質受到溫度和壓力的影響，是以三態當中的任一態存在，且可由一態變成另外一態。例如，在 1 大氣壓(l atm = 760 mmHg)時，水在 100°C 以上會以氣態的水蒸氣存在，0~100°C 之間以液態水存在，0°C 以下則凝結為固態的冰，其三相圖如圖 1-2 所示。

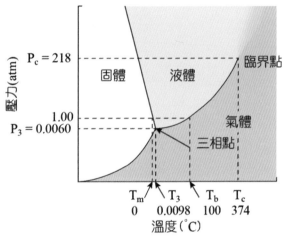

🔵 **圖 1-2** 水的三相圖

氣態物質沒有固定的形狀，其形狀隨容器而改變。一定量氣體也沒有一定的體積，它會隨著容器的大小而被壓縮或膨脹，因此，容器的體積也就是這個氣體的體積。

液態物質也沒有特定的形狀，其形狀隨容器而改變，因受到重力的影響，其表面常呈水平面。但定量的液體具有一定的體積。

固態物質由於其原子或分子間為緊密的剛性結合，故有一定的形狀和體積。

純物質在特定的壓力、溫度下，三態可以共同出現，此特殊之狀況稱為**三相點**(triple point)。如水(H_2O)在 4.6 mmHg、0.01°C 狀況下，其固相、液相及氣相可共存，而二氧化碳(CO_2)的三相點則為 5.1 atm，-56.4°C。

1-4 物質的變化
(Change of Matter)

在我們周圍，各種物質經常與其環境交互作用而不斷在變化。如水的結冰及蒸發，鐵器的生鏽，食物的腐敗和樟腦丸的昇華等。要探討物質的變化，應先瞭解物質的性質。

一、物質的性質

物質都具有能夠與其他物質可辨別的特性。如食鹽與糖都是白色結晶，但溶於水後，食鹽水是鹹的，糖水是甜的。物質的性質通常可分為物理性質及化學性質。

A. 物理性質

物質能夠由感官上的辨識，或用適當的儀器測量而得到的性質，稱為**物理性質**。如物質的外觀、形狀、顏色、味道等，可經由我們人體感觀而得知；而物質的沸點、熔點、密度、延展性、硬度、溶解度、傳熱度、導電度及折光率等，可使用適當的儀器測量而得到。

B. 化學性質

物質在某一條件下與其他物質可否進行化學反應，此物質所表現的特性稱為**化學性質**。如氫氣、酒精、汽油等具有可燃性，氧氣具有助燃性，鐵會生鏽，木頭及食物會腐敗，這些都是物質的化學性質。

二、物質的變化

物質的變化有兩種形式：物理變化及化學變化。

A. 物理變化

物質僅在外觀形態上改變，但本質並未改變，稱為**物理變化**，通常為可逆變化。如水結成冰，冰可再化為水，水加熱可變為水蒸氣，水蒸氣冷凝又可變回水，糖溶於水成糖水，糖水加熱將水分蒸乾又可得回白糖，這些變化即為物理變化。

B. 化學變化

物質在本質上做永久性的變化，如汽油的燃燒、牛奶的酸敗、鐵的生鏽和火藥的爆炸等都是化學變化。

物質因反應而變成新的成分稱為**化學反應**，原來的物質稱為**反應物**，產生的新物質稱為**生成物**，反應後有熱量放出稱為**放熱反應**($\Delta H < 0$)(exothermic reaction)；反之，需要吸收熱量才能產生生成物的反應稱為**吸熱反應**($\Delta H > 0$)(endothermic reaction)。

1-5 質量不滅定律
(The Law of Conservation of Mass)

在一般的化學反應中，其生成物的總質量和反應物的總質量相等，也就是說，質量不能夠創造也不能夠消失，此謂**質量不滅定律**。其原因為化學反應只是原子的重新排列組合，總原子數並無增減，所以反應前後的總質量不會改變。

反應物總質量＝生成物總質量

例如 3 克的木材燃燒後，只剩下 0.6 克的灰燼，是否符合質量不滅定律？木材燃燒後的產物還有二氧化碳和水，由於兩者是氣態的，它們會散布在空氣中；若我們將它們收集起來並秤重，將會發現 0.6 克的灰燼＋二

氧化碳的重量＋水的重量＝3 克，所以，木材燃燒的反應符合質量不滅定律。

1-6　能量不滅定律
(The Law of Conservation of Energy)

　　無論是物質的物理變化或化學變化都有能量的轉移，因此物質與能量之間有密不可分的關係。能量有各種形式，如熱能、電能、動能、位能、化學能、輻射能及原子能等。這些各種形式的能，都可以直接或間接的互相轉變，如植物吸收太陽能並且能將此光能轉換成生物可以利用的化學能。燃燒煤炭可使煤炭內所含的化學能轉變為熱能，此熱能可以開動蒸汽機產生動能，此動能再使發電機發電產生電能，此電能可使電燈產生光能及熱能。雖然能量可由一種形式轉變為另一種形式，但在一個固定系統中的總能量不會增加，也不會減少，即能量不能創造，也不能毀滅，此之謂**能量不滅定律**。意即整個宇宙間之總能量是一個定數。

🔵 **圖 1-3**　能量以不同的形式之間互相轉換

1-7　化學反應式
(Chemical equation)

　　化學反應只是原子的重新排列組合，反應前後原子不滅、電荷不變、質量守恆。在化學反應式中，各物質化學式前面加上適當阿拉伯數字，使反應物的原子總數和產物的原子總數相等，這項操作就稱為**平衡化學反應式**。化學反應式的平衡法有很多種，較常用的方法是觀察法(inspection method)和代數法(algebraic method)。

一、觀察法(Observational Method)

1. 在反應式兩邊各出現一次,且原子數目不相等之元素先平衡。

2. 出現次數最多之元素最後平衡。

3. 以原子不滅平衡各原子後,將係數調整為簡單整數比。

例 題 1-1

試平衡下列方程式。

$$N_2H_4 + N_2O_4 \rightarrow N_2 + H_2O$$

解 先平衡氧 $N_2H_4 + 1N_2O_4 \rightarrow N_2 + 4H_2O$(氧兩邊各出現一次且原子數目不相等)

再平衡氫 $2N_2H_4 + 1N_2O_4 \rightarrow N_2 + 4H_2O$

最後平衡氮 $2N_2H_4 + 1N_2O_4 \rightarrow 3N_2 + 4H_2O$(氮出現次數最多)

二、代數法(Algebraic Method)

(1) 設反應物及產物的係數為 a,b,c⋯。
(2) 利用原子數不滅及電荷不滅,列出代數關係式。
(3) 解代數關係式。

例 題 1-2

試平衡下列方程式。

$$Cu(NH_3)_4SO_4 \cdot H_2O \rightarrow CuO + SO_2 + NO + NH_3 + H_2O$$

解 設係數 $1Cu(NH_3)_4SO_4 \cdot H_2O \rightarrow 1CuO + 1SO_2 + aNO + bNH_3 + cH_2O$

平衡　$N \Rightarrow 4 = a + b$

　　　$H \Rightarrow 14 = 3b + 2c$

　　　$O \Rightarrow 5 = 1 + 2 + a + c$

得　$a = 2/5$，$b = 18/5$，$c = 8/5$

⇨　$Cu(NH_3)_4SO_4 \cdot H_2O \rightarrow CuO + SO_2 + 2/5NO + 18/5NH_3 + 8/5H_2O$

⇨　$5Cu(NH_3)_4SO_4 \cdot H_2O \rightarrow 5CuO + 5SO_2 + 2NO + 18NH_3 + 8H_2O$

1-8 測量與有效數字
(Measurement and Significant Figures)

一、基本的測量值(Fundamental Measuring Value)

在化學上，基本的測量值有**質量**(mass)、**容積**(volume)、**溫度**(temperature)、**壓力**(pressure)等。各類測量值有其不同的測定儀器，平常使用的儀器如圖 1-4 所示；通常用**電子天平**(electronic balance)秤得質量的大小，使用**量筒**(graduated cylinder)、**量瓶**(volumetric flask)或**吸量管**(volumetric pipet)量取液體的體積，以**溫度計**(thermometer)測知溫度高低，以**壓力計**(pressure gauge)讀取氣壓值等。

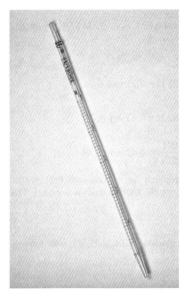
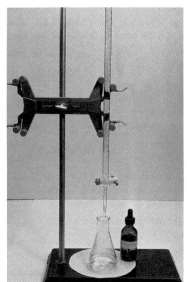
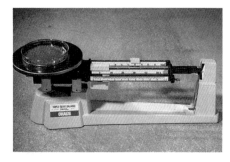

🔵 **圖 1-4** 常用的測量儀器

取自 H. F. Holtzclaw, W. R. Robinson and J. D. Odom, General Chemistry with Qualitative Analysis, 9th edition, D. C. Heath and Company, Toronto, 1991, p.17 and p.82.

二、測量值的意義(The Meaning of Measuring Value)

　　任何測定儀器都有其測量的極限。以溫度計為例,使用每格刻度差為 1°C 的溫度計測量溫度時,其水銀高度不會都恰好在刻度上,如圖 1-5 所示。此時,所能確定的值為 25°C,稱為**準確值**;其餘部分則須加以估計,稱為**估計值**;兩者合稱為**測量值**,亦即測量值為準確值加一位估計值。

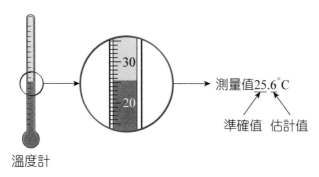

測量值25.6°C
準確值　估計值
溫度計

○ **圖 1-5** 溫度計的測量

三、有效數字與其運算 (Significant Figures and Their Operation)

　　測量值中的每個數值均為**有效數字**(significant figures)，但測量值內亦含有估計值的誤差，因此，實驗數據的記錄及有效數字的使用是有其一定的方式，其法則如下：

1. 通常 "1~9" 九個數字，在測量值中均為有效數字。

　　例如：1.21 mL 及 121 mL 均為三位有效數字。

2. 零 "0" 出現在測量值的中間及小數點後之尾端時，均視為有效數字。

　　例如：2.011 克及 20.10 克均具有四位有效數字

3. 零 "0" 用於表示位數時，則為無效性數字。

　　例如：1,000 cm 及 0.00l km 均為一位有效數字。

　　通常在實驗數據的處理上，有時需要再加以演算。例如將質量除以體積才能求得密度(density)，因此亦需瞭解有效數字的運算法則：

1. **有效位數**：在運算時的取捨，以「四捨五入」為原則。

例 題 1-3

分別對下列數值取兩位有效數字：

(1) 3.67 克　　(2) 12.501 克　　(3) 6250 克　　(4) 0.273 克

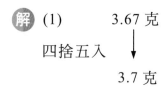 (1)　　　　　3.67 克

　　四捨五入　　↓

　　　　　　　　3.7 克

(2)　　　　12.501 克

　　四捨五入　↓　（5 非尾數）

　　　　　　　13 克

(3)　　　　6,250 克

　　四捨五入　↓

　　　　　　　6,300 克

(4)　　　　0.273 克

　　四捨五入　↓

　　　　　　　0.27 克

2. **加減運算**：加減運算後，位數之取捨，以各運算值中其最尾有效數字為最大位值者為主。

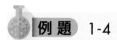 **例 題** 1-4

試求 10.2 mL+6.45 mL+1,120 mL＝？

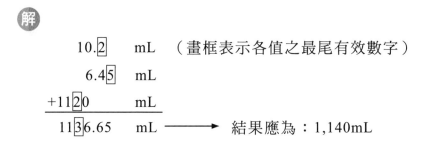

　　　　10.$\boxed{2}$　　mL　　（畫框表示各值之最尾有效數字）

　　　　 6.4$\boxed{5}$　　mL

　+11$\boxed{2}$0　　　mL

　　11$\boxed{3}$6.65　　mL　───→　結果應為：1,140mL

3. **乘除運算**：其有效位數之取捨，以各運算值中位數最少者為原則。

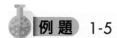 1-5

　　(1) $251 \times 35 = ?$　(2) $728.0 \div 190 = ?$

解　(1)　　251　　×　　35　　=　　8,785　$\xrightarrow{\text{記為}}$　8,800
　　　　（三位）　　（兩位）　　（應取兩位）

　　(2)　728.0　÷　190　=　3.8315　$\xrightarrow{\text{記為}}$　3.8
　　　　（四位）　　（兩位）　　（應取兩位）

 學習評量

1. 試述物質的分類,並以常見物質說明之。

2. 試列舉說明物質變化的類別。

3. 下列各物質何者為元素?何者為化合物?何者為混合物?
   (1)空氣　(2)水銀　(3)啤酒　(4)乾冰　(5)汽油　(6)汽水　(7)鑽石
   (8)蒸餾水　(9)食鹽　(10)白金　(11)海水　(12)礦泉水　(13)黃銅
   (14)氨　(15)硫磺　(16)24K 金　(17)血液　(18)蔗糖。

4. 下列何者為物理性質?何者為化學性質?
   (1)酒精為透明無色　(2)酒精可以燃燒　(3)金在空氣中不易生鏽　(4)煤
   塊呈黑色,有光澤　(5)水在 100°C 時沸騰　(6)煤在空氣中可以燃燒
   (7)油不溶於水,比水輕　(8)二氧化碳不能助燃,但可以用來滅火
   (9)奶油在冰箱的冷凍室中容易凝固　(10)紙張在空氣中點火,容易燃燒
   (11)鹽酸遇到石蕊試紙,能使石蕊試紙變色　(12)水電解可以得到氫氣和
   氧氣　(13)熔點、沸點　(14)可燃性　(15)可溶性　(16)顏色、氣味
   (17)腐蝕性　(18)密度　(19)硫酸有強烈的脫水性　(20)塑膠不能導電,
   不易傳熱。

5. 下列各項何者為化學變化?何者為物理變化?
   (1)鐵釘生鏽　(2)蠟燭燃燒　(3)汽油揮發　(4)水結成冰　(5)電池放電
   (6)呼吸空氣　(7)牛奶變酸　(8)燃放煙火　(9)糖溶於水　(10)米釀成酒
   (11)銲錫熔化　(12)曬乾衣物　(13)烤餅乾　(14)將木材製成書桌
   (15)冰的熔化　(16)汽油燃燒　(17)精油揮發　(18)口紅擦在嘴唇上。

6. 試以生活上的實例說明化學反應的發生。

7. 木柴燃燒後僅殘留下灰燼,其質量減少很多,試問此化學變化是否遵守
   質量不滅定律?

8. 光合作用是將二氧化碳(CO_2)和水(H_2O)反應成葡萄糖($C_6H_{12}O_6$),本反應

同時需要吸收日光才能完成，試問其是否遵守能量不滅定律？

9. 平衡下列化學反應式
   (1) $C_3H_7OH + O_2 \rightarrow CO_2 + H_2O$
   (2) $(NH_4)_2Cr_2O_7 \xrightarrow{\triangle} N_2 + Cr_2O_3 + H_2O$
   (3) $Cu + HNO_3 \rightarrow Cu(NO_3)_2 + NO_2 + H_2O$
   (4) $S_2O_3^{2-} + I_2 \rightarrow S_4O_6^{2-} + I^-$

10. 下列測量值各有幾位有效數字？
    (1) 23.70 mL　(2) 0.042 m　(3) 16,200 g　(4) 4,060 kg　(5) 0.08 km
    (6) 3.02 cm。

11. 將下列數字依有效數字之取捨原則，取三位有效數字
    (1) 123.44　(2) 96.55　(3) 403.6　(4) 9.238　(5) 10312　(6) 0.0047382。

12. 將下列運算的結果以適當的有效位數表示。
    (1) 3.76 + 15.2 + 20.518
    (2) 140 + 7.68 + 0.014
    (3) 47 + 0.91 − 0.286
    (4) 45.48 + 8.057
    (5) 145.675 − 24.2
    (6) 5.18 × 0.0208
    (7) 37,560 ÷ 4.0
    (8) 8.315 ÷ 298
    (9) 45.7 × 0.034
    (10) 34.56 ÷ 1.25

原子與週期表

2-1 化學元素的分類
(Classification of Elements)

早期化學家們就已明瞭某些元素其有相似的性質，並設法把各種元素加以分類。

一、依據物理性質

當時有許多科學家把元素依據物理性質的不同，分為三類：

1. **金屬元素**(metallic elements)：具有金屬光澤、富延展性，而且是熱及電的良導體的元素。

2. **非金屬元素**(non-metallic elements)：無金屬光澤、其有脆性，而且是熱及電的不良導體的元素。

3. **兩性元素**(amphoteric elements)：性質介於上述兩種元素中間的元素，如 Al、Ge、Sb 等。

二、依據存在狀態

化學元素若依其存在的狀態，可分為三大類：

1. **液態元素**：只有 2 種，溴為非金屬，汞為金屬，中文名稱均有「水」部。

2. **氣態元素**：都是非金屬，如氫、氧、氮、氖、氬、氪、氙、氡、氟、氯、氦共 11 種，中文名稱均有「气」部。

3. **固態元素**：除了 2 種液態元素及 11 種氣態元素外，其餘的都是固態元素。金屬性固態元素屬「金」部，如銀、銅等；非金屬性固態元素屬「石」部，如碳、磷、碘、砷等。

2-2 週期表
(The Periodic Table)

經過好幾位科學家的努力，發展成今日最常用的週期表，如表 2-1，此週期表是依各元素原子序由小而大排列成的。週期表的橫行為**週期**(period)，共有 7 週期。縱行為**族**(group)，共有 18 族，其又可分為 A、B 兩類。A 族的同一族元素其物理性質、化學性質都很相似，因而只要熟悉同一族當中一個元素的化性、物性，則其他陌生元素的性質可以猜得七、八分，這是使用週期表最大的好處，而 B 族的同一族元素性質就沒有那麼相似。A 族稱為**典型元素**(representative element)，B 族稱為**過渡元素**(transitional element)，其中錒系(actinide series)和鑭系(lanthanide series)各含 14 個元素，稱為**內過渡元素**(inner transitional element)，在週期表中分別和 Ac（錒）及 La（鑭）排在同一個位置。這 28 個元素總稱為**稀土金屬**(rare earth metal)。

第一週期只含 H（氫）和 He（氦）2 個元素，稱為**最短週期**。第二和第三週期各含 8 個元素，稱為**短週期**。第四及第五週期各含 18 個元素，稱為**長週期**。第六週期共含 32 個元素，稱為**最長週期**。第七週期稱為**未完成週期**，目前國際公認到 118 種元素，每一個週期都以鈍氣為結束。

週期表的外形，兩端形似山峰一般，中央呈現一窪谷地，在中央谷地部分的元素為 B 族元素。表中梯形線為金屬與非金屬元素的分界線，除了最右端為鈍氣外，越靠近整個週期表的左下方，其金屬性越強，金屬性最強的元素是 Fr（鍅），越靠近右上方，其非金屬性越強，非金屬性最強的元素是 F（氟）。剛好在梯形線兩側的元素為兩性元素。H（氫）元素雖然排在 IA 族，卻屬非金屬元素，在常溫下是氣體。

週 期 表

表 2-1　元素週期表

圖例：
```
1 ── 原子序
氫 H ── 元素名稱／元素符號
1.008 ── 原子量
```

分類圖例：非金屬　過渡金屬　非金屬　金屬　內過渡金屬

週期	1 IA	2 IIA	3 IIIB	4 IVB	5 VB	6 VIB	7 VIIB	8 VIIIB	9 VIIIB	10 VIIIB	11 IB	12 IIB	13 IIIA	14 IVA	15 VA	16 VIA	17 VIIA	18 VIIIA
1	1 氫 H 1.008																	2 氦 He 4.003
2	3 鋰 Li 6.941	4 鈹 Be 9.012											5 硼 B 10.811	6 碳 C 12.011	7 氮 N 14.007	8 氧 O 15.999	9 氟 F 18.998	10 氖 Ne 20.180
3	11 鈉 Na 22.990	12 鎂 Mg 21.305											13 鋁 Al 26.982	14 矽 Si 28.086	15 磷 P 30.974	16 硫 S 32.066	17 氯 Cl 35.453	18 氬 Ar 39.948
4	19 鉀 K 39.098	20 鈣 Ca 40.078	21 鈧 Sc 44.956	22 鈦 Ti 47.88	23 釩 V 50.942	24 鉻 Cr 51.996	25 錳 Mn 54.938	26 鐵 Fe 55.847	27 鈷 Co 58.933	28 鎳 Ni 58.69	29 銅 Cu 63.546	30 鋅 Zn 65.39	31 鎵 Ga 69.723	32 鍺 Ge 72.61	33 砷 As 74.922	34 硒 Se 78.96	35 溴 Br 79.904	36 氪 Kr 83.80
5	37 銣 Rb 85.468	38 鍶 Sr 87.62	39 釔 Y 88.906	40 鋯 Zr 91.224	41 鈮 Nb 92.906	42 鉬 Mo 95.94	43 鍀 Tc (98)	44 釕 Ru 101.07	45 銠 Rh 102.906	46 鈀 Pd 106.42	47 銀 Ag 107.868	48 鎘 Cd 112.411	49 銦 In 114.82	50 錫 Sn 118.710	51 銻 Sb 121.75	52 碲 Te 127.60	53 碘 I 126.904	54 氙 Xe 131.29
6	55 銫 Cs 132.905	56 鋇 Ba 137.327	鑭系元素 (57–71)	72 鉿 Hf 178.49	73 鉭 Ta 180.948	74 鎢 W 183.85	75 錸 Re 186.207	76 鋨 Os 190.2	77 銥 Ir 192.22	78 鉑 Pt 195.08	79 金 Au 196.966	80 汞 Hg 200.59	81 鉈 Tl 204.383	82 鉛 Pb 207.2	83 鉍 Bi 208.980	84 釙 Po (209)	85 砈 At (210)	86 氡 Rn (222)
7	87 鍅 Fr (223)	88 鐳 Ra 226.025	錒系元素 (89–103)	104 鑪 Rf (261)	105 𨧀 Db (262)	106 𨭎 Sg (263)	107 𨨏 Bh (262)	108 𨭆 Hs (265)	109 䥑 Mt (267)	110 鐽 Ds (269)	111 錀 Rg (272)	112 鎶 Cn (285)	113 鉨 Nh (286)	114 鈇 Fl (289)	115 鏌 Mc (290)	116 鉝 Lv (293)	117 鿬 Ts (294)	118 鿫 Og (294)

內過渡金屬

*鑭系元素

57 鑭 La 138.906	58 鈰 Ce 140.115	59 鐠 Pr 140.908	60 釹 Nd 144.24	61 鉕 Pm (145)	62 釤 Sm 150.36	63 銪 Eu 151.965	64 釓 Gd 157.25	65 鋱 Tb 158.925	66 鏑 Dy 162.50	67 鈥 Ho 164.930	68 鉺 Er 167.26	69 銩 Tm 168.934	70 鐿 Yb 173.04	71 鎦 Lu 174.967

**錒系元素

89 錒 Ac 227.028	90 釷 Th 232.038	91 鏷 Pa 231.036	92 鈾 U 238.029	93 錼 Np 237.048	94 鈽 Pu (244)	95 鋂 Am (243)	96 鋦 Cm (247)	97 鉳 Bk (247)	98 鉲 Cf (251)	99 鑀 Es (252)	100 鐨 Fm (257)	101 鍆 Md (258)	102 鍩 No (259)	103 鐒 Lr (260)

化 學 CHEMISTRY

在週期表內，每一格都列出：(1)元素符號及其中文名稱，如 C（碳），(2)原子序（C 的原子序為 6），(3)原子量（碳的原子量為 12.01）。各元素所列原子量為其各種同位素（指原子序相同，但質量數不同的元素）的平均原子量。

2-3 週期表的應用
(Application of Periodic Table)

一、每週期的關係

同一週期的元素，由左至右其化學及物理性質隨原子序的增加而遞變，至下一個週期而復始。同一週期內，原子序越小的元素，金屬性越大，其氧化物溶於水後鹼性較強；原子序越大的元素，非金屬性越大，其氧化物溶於水後酸性較強，如表 2-2 所示。

表 2-2 元素之性質與週期表之關係

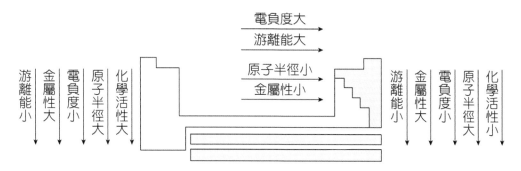

二、每族的關係

同一族間元素的性質非常相似，不過也會隨著原子序的增加而遞變。

A. 物理性質

同一族元素的物理性質，如熔點、沸點、密度、原子容積、游離能等都隨著原子序而遞變。

B. 化學性質

　　同一族元素呈現相似的化學性質，譬如 IA 族元素的鋰(Li)、鈉(Na)、鉀(K)、銣(Rb)、銫(Cs)均為高活性的金屬物質，而 IVA 族元素的碳(C)、矽(Si)、鍺(Ge)、錫(Sn)、鉛(Pb)則均為低活性的非金屬物質。

三、週期表的應用

A. 便於做系統的研究

　　假如知道了某一元素的性質，就可以推測同一族其他元素的性質，並推測其變化。例如，如果我們不熟悉鋰(Li)、銣(Rb)、銫(Cs)等元素的性質，因這些元素都與熟悉的鈉(Na)同屬 IA 族，就可瞭解其性質，又因 Li 的位置在 Na 之上，其化學活性比 Na 小，Rb 和 Cs 的位置在 Na 的下方，其化學活性比 Na 大。

B. 便於校正錯誤

　　當週期表剛建立時，發現有幾個元素的原子序和週期表所需要者不符合，比方說，明明是金屬性質的元素，卻排在非金屬元素的同一族之中，一定是該元素之原子序測錯了，如此就很容易挑出來重新測定其原子序。

C. 可預測新元素

　　利用週期表可預測尚未發現的新元素並推測其特性。門得列夫曾經預測當時尚未發現的鎵(Ga)、鈷(Co)及鍺(Ge)三個元素，後來的科學家們分別在 1874、1879 及 1885 年發現這三種元素。我們現在也可以應用週期表來預測還沒發現的新超鈾元素，在第七層的最後一個元素，其原子序為 118，其性質與氡(Rn)很像的高放射性元素。

四、週期表元素之性質與應用

1. 氫(H)

氫是所有元素中最小、最輕,也是宇宙中最早誕生及存在最多的元素。元素之中,原子核內沒有中子的就只有氫。氫的核磁共振(NMR)能夠用來解析分子構造,也可運用在醫療上。MRI 則用在疾病診斷方面。

2. 氦(He)

氦屬於穩定氣體,但是因具有非常輕的特質,所以常被用作氣球的填充氣體。液體氦的溫度(−268.93°C)接近絕對零度(−273°C),因此它在超導研究中用作**超流體**,製造超導材料。在醫學中,用於氫氦刀,藉由氫氣與氦氣的凝結冰晶、崩解作用,殺死癌細胞,以治療**癌症**。氦次於氫,是第二個最輕的元素,但性質跟氫完全不同。今日的潛水夫已不再用氧和氮混合的普通空氣,而是改用氧和氦的混合氣體,供他們在水中呼吸。因為氮溶於血液,如果潛水人員從水深處急遽浮上水面的話,會因為壓力驟減,血液中氮會變成氣泡而蒸發,結果堵塞微血管而引起潛水夫病。氦則不太溶於血液,所以不需要擔心潛水夫病。此外,氦也以能夠改變音調(就像唐老鴨的聲音)的氣體而聞名,這是因為氦氣的密度比空氣來得小,可以產生較多的震動,讓聲音的傳遞速度變得更快。

3. 鋰(Li)

鋰能夠浮在水上,也是金屬中最輕的鹼金屬。近年來由於個人電腦等電器朝輕量化改進,電池也必須因應配合,所以重量輕、大容量的電池便成為大家追求的目標,鋰電池也在這個時候應運而生,這種電池與以往所使用的鎳鎘電池、鎳氫電池相較,由於重量大幅減輕,容量大幅提升,因此目前幾乎所有的可攜式設備都採用這種電池。然而,由於近年來陸續發生爆炸事件,也讓鋰電池的安全標準重新受到評估。

4. 鈹(Be)

鈹是從綠寶石中發現,帶有甜味,擁有微量就足以致死的強烈毒性。在核能發電上,鈹主要是用來當作中子的減速劑,它的原子輕,不易吸收中子,因此適合當做減速劑。鈹耐振動,能夠避免在極低溫下變形。另外,

鈹內傳輸聲音的速度相當快,因此可用在擴音器的振動板或唱盤唱針等零件上。鈹的重量大約是鋁的三分之二,非常輕;但熔點卻是 1,278°C,非常耐熱,用它製造出的彈簧,可以耐受 200 億次以上的衝擊。

5. 硼(B)

硼是從硼砂取得的硼酸中單離出來的元素,為黑色的固體,而且非常硬,在單一元素中,硬度僅次於鑽石。硼多半是以化合物的形式被使用在各種日用品中,像 PYREX®這種耐熱玻璃,專有名詞稱為「硼矽酸玻璃」,就是在玻璃中添加了三氧化二硼,以抑制其膨脹或收縮。硼酸溶於水變成硼酸水屬於弱酸性,經常使用在眼藥水添加物或消毒液中。硼酸球能夠用來驅除蟑螂。硼酸加上矽的話,就成了二極體與電晶體等電子零件不可或缺的材料。另外,加上碳之後,形成的化合物碳化硼十分堅硬,經常當做合金的添加劑使用。

6. 碳(C)

碳可以說是「生命之源」,它是製造生物以及食物的基本元素。碳水化合物和蛋白質等生存必需的營養,全都是碳的化合物;細胞與 DNA 也都缺不了碳,而植物的光合作用會先從二氧化碳製造出碳水化合物,然後我們再去食用這些植物。碳具有可以變成各種形態的特性,從鉛筆的筆芯(黑鉛)到鑽石,形態多變,簡直讓人不敢相信它們居然來自同一元素。若將碳片狀物捲成圓管狀,則可得科學界公認最強的物質-奈米碳管。

7. 氮(N)

氮在空氣中占了大約八成,是個相當重要的元素,它可以構成 DNA,以及人體蛋白質基礎的胺基酸。第一次世界大戰前,哈伯教授發明了相當實用的工業製程,可將空氣中的氮轉變成氨。目前氨肥占了全球肥料三分之一的供給量(其餘三分之二,主要來自磷肥),因為植物生長可吸收空氣中的二氧化碳,氮肥多多少少也協助減緩了全球暖化的現象,雖然乍看之下似乎很溫和,事實上並非如此,像是三硝基甲苯或是烈性炸藥等,所有炸藥幾乎都是氮的化合物。氮氧化物(NOx)會對人體及環境帶來不良的影響,氮氧化物會隨著汽車或工廠廢氣等排出,不只會造成肺癌及呼吸障礙,

也是形成酸雨的有害物質。液態氮是便宜且方便取得的製冷液，它的沸點低達−196°C，幾乎可使所有的東西結凍，液態氮常見的用途，有保存生物樣品、取悅孩童的冷凍和粉碎花朵表演，偶爾用來快速製作冰淇淋。

8. 氧(O)

氧在空氣中約占兩成，是由植物行光合作用所製造出來的，它也是生物不可或缺、維持生命的重要元素。此外，火必須消耗氧氣，才有辦法燃燒。氧也形成了阻隔太陽紫外線的臭氧層。我們經常聽到「氧化」這個詞，是指氧能夠和各種物質結合使性質產生變化，它可以讓金屬生鏽，也能讓東西腐敗。氧從氣態濃縮成為液體時，其特性會從原本反應溫和、有益生命，轉變成反應激烈、具危險性。大多數火箭的動力來源，並非來自於燃燒中的燃料，而是來自於液態氧的供給。

9. 氟(F)

相對於氟氣，有機氟化合物的反應極遲鈍，多半無害。聚四氟乙烯（商品名稱為鐵氟龍®）耐熱，特徵是能夠避免油水的沾黏，因此經常用在平底鍋等廚具表層塗料，藉以防止食物燒焦黏鍋。因為它能夠避免水和汙垢沾黏，清洗也相對容易。水不會附著的性質也被運用在防水噴霧上，鐵氟龍®加熱伸展後，會出現微孔，阻斷大顆水滴，換個樣貌後就成了防水透氣材質（商品名稱為 GORE-TEX®），GORE-TEX®也被用來做為心臟病氟化合物，也因為其溶解玻璃的性質而運用在玻璃工藝的製作上。氟能夠有效避免牙齒被酸侵蝕。氟覆蓋的牙齒不容易蛀牙，所以牙膏中通常含有氟化鈉。

10. 氖(Ne)

夜晚的街道上，常可看到發出閃亮七彩光芒的霓虹燈，這是將氖封進玻璃管中放電所產生的光。霓虹燈首次在街道上散發光芒，是在 1912 年的巴黎蒙馬特。雖然氖本身是無色且極安定的氣體，但只要一放電就會發出偏紅的橘色光，還可以跟其他元素混合，變換出各種顏色，與氦混合是黃色；與水銀混合是青綠色；與氬混合是紅色或藍色。

11. 鈉(Na)

鈉的化合物非常喜歡做家事,「食鹽」（氯化鈉）、「味精」（麩胺酸鈉）、「發粉」（碳酸氫鈉）都是專門負責廚房事務。在洗滌方面,「漂白劑」（次氯酸鈉）和肥皂也都是用鈉製造的,浴室中,有些泡泡浴粉也是碳酸氫鈉製成的,其中的鈉讓二氧化碳可以嘶嘶嘶的產生泡泡。雖然鈉是家庭中這麼受歡迎的角色,但當它不是化合物而是單純的金屬鈉時,卻是種一碰到水就會爆炸的超級危險元素,必須浸在石油裡面保存。

12. 鎂(Mg)

鎂比鋁輕卻具有鋼鐵般的強度,它能阻隔電磁波避免外漏,卻也能讓熱直接釋出。由於它具備這些便利的性質,所以被拿來製造筆記型電腦或行動電話的機身。鎂也被用在豆腐的鹽滷中,做為豆腐的凝固劑的「鹵水」,含有 12~21%的氯化鎂。此外,鎂也可以製成預防便秘的藥品(MgO),鎂也是構成植物葉綠素的重要成分,葉綠素是植物進行光合作用時不可或缺的,植物的綠色就是來自含鎂的葉綠素,鎂不足會妨礙植物生長,植物所需要的鎂來自土壤。

13. 鋁(Al)

鋁是很輕、容易加工且極易通電的金屬。它加工不易生鏽,再加上價錢很便宜,因此普及度第一名。此外,它可以和不同金屬製成各種性質的合金,製作出 1 圓日幣、鋁箔紙、鋁門窗或飛機的機身等不同的成品。鋁還具有保護胃黏膜的作用,像治療胃潰瘍的藥「舒來可錠®」(Sucralfate®)就含有鋁化合物,目前經常被使用,這點也反映出現代社會的壓力。

14. 矽(Si)

矽僅次於氧,是地殼中含量第二多的元素,在我們生活周遭,矽被用在玻璃及半導體,是目前電子儀器蓬勃發展所不可或缺的元素。矽大多存在於砂子、石英、水晶之類的二氧化矽(SiO_2)、矽酸鹽當中。矽是用於電腦及太陽能電池之類的半導體材料,舊金山的半導體及高科技企業密集的地區,就被稱為「矽谷」。矽膠可做成奶瓶上的奶嘴或人工乳房。含有二氧化矽的矽藻土耐火性佳,是很受歡迎的住宅壁材。以致癌性成為問題的石棉,

主要成分也是二氧化矽，由於二氧化矽呈細纖維狀，所以才會刺進肺中造成癌症，其實矽本身是沒有毒的。

15. 磷(P)

磷的發現歷史相當久遠，1669 年德國的煉金師布蘭特，在蒸發尿的時候發現了白磷。磷有許多的同素異形體，像是白磷、紫磷、紅磷等，它們各自的原子排列和性質都不一樣，白磷會在空氣中自燃；紅磷在空氣中卻是穩定的物質，被用來做為火柴棒的燃源。將白磷在隔絕空氣的狀況下，加熱達到 300°C 以上就能得到紅磷，此外，由於紫磷具有像金屬一樣的光澤，也被稱為金屬磷。在農業上，磷肥也是必需的養分。磷是人體必要的營養素，磷酸鹽、磷酸酯是所有生物細胞都少不了的物質，含量僅次於鈣，約占體重的 1%，存在於骨頭、牙齒、血液、頭髮等之中，負責在組織中製造能量。

16. 硫(S)

硫為非金屬，黃色，可燃燒。白蘿蔔、蔥、大蒜、洋蔥的辛辣成分都含有硫，日本人經常食用白蘿蔔和蔥製作的料理，因此攝取了大量的硫，大蒜和洋蔥別具特色的臭味，就是硫的化合物。將洋蔥切開，含硫的成分會使眼睛流淚。汽車輪胎也有硫，生橡膠加上硫之後，硫原子能夠結合橡膠分子，增加彈性，硫的添加量愈多會愈硬。硫以胺基酸的形式對健康做出許多貢獻，也從各種疫病中拯救了許多性命，例如最早的抗生素「盤尼西林」中就含有硫，但另一方面，二氧化硫卻形成破壞地球的酸雨。

17. 氯(Cl)

氯是消毒不可或缺的成分，但另一方面，氯也含有劇毒，由於氯擁有漂白及殺菌的作用，因此氯會以溶於氫氧化鈉生成次氯酸鈉($NaClO$)的形態，被用來做為水的殺菌劑，像這樣利用氯來消毒的方式，成功根絕了斑疹傷寒、霍亂等傳染病。氯化氫水溶液，也就是鹽酸，通常被當做廁所清潔劑等使用。人類體內能夠自行分泌的胃酸成分也是鹽酸，漂白劑和此種廁所專用清潔劑混在一起，會產生氯，相當危險。氯氣是黃綠色，第一次世界大戰時，德軍將氯氣當做毒氣使用。一氧化氯是破壞臭氧層的物質。氯經常以「聚氯乙烯」(PVC)的形式製成水管或橡皮擦等日常生活用品。

18. 氬(Ar)

氬無色無味，比空氣重 1.4 倍，經常裝在氣瓶中當作高壓氣體使用，氣體本身很安定，不會與其他物質產生反應。電燈泡內也有氬，用以避免鎢絲蒸發；日光燈管內有氬和汞蒸氣，電流通過產生電子與汞原子碰撞發出紫外線，照射到螢光體上就會發光，氬則負責保持過程中放電穩定，促使光度平均。氬也被當做金屬鑄造時防止氧化的氣體，或是用在金屬焊接、醫療用雷射上。

19. 鉀(K)

鉀的化學活性比鈉來的強，一旦接觸水面，便會立刻產生美麗的紫色火焰，強大的爆發力迅速將火焰炸飛四射。鉀（通常是鉀離子，K^+），在人體神經傳遞中，扮演非常關鍵的角色，若體內鉀離子含量過低，手指會開始冰冷，如果鉀離子持續缺乏，直達心臟，就會導致死亡，如果當下無法急救，最好的保命方式就是吃根香蕉。硫酸鉀和氯化鉀可以被當成肥料使用；氰化鉀(KCN)是劇毒，也被稱做「氰酸鉀」，進入體內後，會與血基質鐵結合，阻礙了體內的氧氣供應，最後導致死亡。

20. 鈣(Ca)

鈣在優格和牛奶中含量很高，一般成年人體內約含有 1 公斤的鈣，大部分存在骨頭及牙齒中，構成骨骼的主要成分稱為「磷酸鈣」，近來已經可由人工製造出來，所以不喜歡鑲金牙、銀牙的人，現在就可以安心接受人工植牙手術。骨折使用的石膏、學校用的粉筆、家裡用的吸溼劑等物品都含有鈣。

21. 鈦(Ti)

從眼鏡、耳環、高爾夫球桿到化妝品，鈦支援著我們的生活，但在 30 年前，它還只是用於製造潛水艇或戰鬥機的特殊金屬。鈦很難離子化，不會溶在海水或化學物質中，所以對金屬過敏的人也可以使用，它既輕又具有高強度，存量也很豐富。鈦可運用在記憶合金上，將鈦與鎳兩種不同金屬結合成的合金，變形後只要遇到一定溫度的熱，就可以恢復原型。鈦的化合物二氧化鈦，具有被光線照射就會分解汙垢的光觸媒效果，以及具溶

解於水中的親水性特性，因此，會被塗於廁所、外牆，並做為抗菌劑使用。此外，由於純二氧化鈦不具毒性，且呈現亮白色，所以也被拿來做打底的白色顏料。

22. 鉻(Cr)

鉻具有不易被酸侵蝕的特性，而它不易生鏽的特性，則被用來生產不鏽鋼，所謂的不鏽鋼，即是指含有鉻、鎳及鐵的合金鋼。三價鉻是人體所需的元素，對於糖尿病的改善及預防不可少，人體缺乏鉻的話，胰島素無法作用，會導致血糖值上升，三價鉻也是讓翡翠和紅寶石成色的主要成分。相對地，六價鉻的毒性很強，是會對人體及環境產生不良影響的物質，過去曾經發生處理六價鉻的工廠，員工罹患肺癌的事件，因而特別訂定了嚴格的排放標準。

23. 錳(Mn)

錳是在地上或海中都含量豐富的一種海洋資源，因為它是乾電池的原料而廣為人知，錳只要和硫結合就能增加強度，提升耐撞和耐磨耗性質，是粗鋼生產上不可或缺的成分，廣泛應用在鐵軌、橋、土木機械、柵欄鐵窗、金庫等。錳也是維持人體代謝的必需礦物質，錳過剩則會出現頭痛、全身無力、運動機能障礙等。

24. 鐵(Fe)

現今世界上被用來製造用具的金屬中，大約有九成是鐵，鐵的蘊藏量非常多，容易加工，既堅硬又便宜，萬能的功用成為它廣受歡迎的主要原因。鐵是血紅素中的主要元素，而血紅素在人類血液中專門負責運送氧氣，當鐵不足時就會造成貧血，並產生倦怠感、全身疲勞等症狀。

25. 鈷(Co)

提到鈷的化合物，大家都會聯想到藍色的鈷藍，這是古代流傳至今的優異藍色染料。另外，維生素 B_{12} 含有鈷，也常被當做眼藥水使用。鈷的同位素中較重要的是鈷 60 (^{60}Co)，^{60}Co 是在核子爐中以中子照射而產生的，會衰變成鎳(^{60}Ni)，這時候釋放出來的 γ 射線具有非常高的穿透性，因此被運用在醫療界的放射線療法，以及食品保存的照射等用途，在食品照射方

面，具有驅除微生物、殺死形成病原體的有害細菌等效果，然而，對食物使用放射線被認為有安全性的疑慮，有些國家已下令禁止，在日本仍常用來防止馬鈴薯發芽。

26. 鎳(Ni)

銅與鎳的合金（白銅）在日本被拿來製成 100 日圓及 50 日圓硬幣；在美國則是五分硬幣的原料。純鎳金屬可電鍍在鐵表面防鏽。鎳和鈦結合，可以製成記憶形狀的合金。最近，鎳則因為是可充電重複使用的環保「氫鎳電池」的原料而被特別受到重視。

27. 銅(Cu)

銅的導電性僅次於銀，為唯一的紅棕色金屬，銅能夠加工成細線，因此經常製作成電線。銅的軟度用手工器具或力道適中的工具就可以塑造，但它又夠堅固，可用來製成許多有用的東西，特別是與錫形成的青銅合金，或是與鋅形成的黃銅合金。人體缺銅會發生貧血、毛髮異常、骨頭與動脈異常等，攝取過量會引起肝硬化、腹瀉、嘔吐等。

28. 鋅(Zn)

鋅是人體必需的礦物質，在人體中含量僅次於鐵。它幫忙構成舌頭上的味蕾細胞，一旦缺乏，就會變成沒有味覺的「味盲」。

鋅是優秀的金屬，生鏽了也看不出來，適合製造屋頂浪板（在鐵上面鍍鋅製成）。而稱為「黃銅」的鋅銅合金，使用度很廣泛。氧化鋅也是會發藍光的發光二極體(LED)原料。近年來鋅的補給品被當做精力強化劑使用，但是如果過度攝取的話，會產生痙攣、腹瀉、發燒等不良影響。

29. 鎵(Ga)

鎵多半是使用在半導體與發光二極體上，最近的視訊機器導入了氮化鎵的半導體雷射技術。使原本高難度的藍色發光技術成為可能，讓數位科技得以表現出更豐富的全彩。

30. 鍺(Ge)

用來當做半導體材料的鍺，只要加入少量在矽裡，就能夠提升導電性，減少電力消耗，有機鍺的製劑被發現具有抗菌作用及抗腫瘤作用，近年來鍺經常被當做健康食品的成分及健康商品。

31. 砷(As)

人類從食品中攝取砷，砷可用在治療瘧疾、結核等疾病，也因其具有毒性，砒霜(As_2O_3)被當做毒藥使用。砷化鎵被使用於高速通訊用的半導體器材材料與紅色 LED。

32. 硒(Se)

硒被稱為具有光傳導性，就是可以透過光而導電的性質，這種性質被運用在影印機上。硒廣泛運育用在玻璃工業上，除了能夠吸收玻璃中的雜質顏色，使玻璃透明外，還能夠讓玻璃發出紅色或古銅色。

硒是人體新陳代謝的必要元素，一旦缺乏就會導致免疫力降低；若攝取過量，會引發腸胃障礙，它廣泛含於穀類、蔬菜、牛肉、蛋及花生等食物中。

33. 溴(Br)

溴是非金屬元素中，唯一在常溫下呈現液態的元素。溴除了存在海水中的溴離子外，紫貝之類的海螺也含有溴。從貝殼中抽出的紫色染料，是名為二溴靛藍這種含有溴的有機物。溴化銀是傳統底片的感光材料，使用傳統相機可少不了它。

34. 氪(Kr)

把氪封進電燈泡裡，功率會比封入氬的一般白色燈泡高，而且還能做得比較小，叫做「氪燈泡」。另外，它也被使用在閃光燈上，氪燈泡比起氬燈泡更能防止鎢絲昇華並持久。

35. 銣(Rb)

日本 NHK 電視台的報時器，就是使用銣的原子鐘，這是一種利用銣的能量變化來計時的時鐘，誤差大概是每 3 萬年 1 秒左右，可以說是相當準

確。此外，具有放射性的鉫，半衰期約 488 億年，所以只要計算出地球礦石或來自宇宙的隕石裡的鉫元素殘量，就能大致推測出那是多久以前的東西。

36. 鍶(Sr)

煙火中，最醒目的紅色煙火便是鍶，雖然鹼金屬和鹼土金屬元素各呈現出不同的火焰顏色，但鍶是其中最為獨特與顯眼的元素，所以也被用來製作汽車配件中的發煙筒。

鍶和鈣一樣容易被骨頭吸收，所以在診斷或治療骨癌時，也會使用到具放射性的鍶(^{89}Sr)。

37. 釔(Y)

釔和鋁的氧化物單晶稱為 YAG，用於雷射組件，這類效率佳、功率大、強而有力的固體雷射器多半使用於熔接、切斷、打洞、表面處理、磁頭等多種領域，當做醫療雷射使用時，具有比切割更優質的止血、凝固作用。

38. 鋯(Zr)

鋯是天然金屬中最難吸收中子，可被用在核子反應爐的材料上。添加鋯的陶瓷堅硬且耐熱，二氧化鋯因為熔點高，經常做為陶瓷的原料，將氧化鋯變成細小粒子，擠壓成型後加熱而得的東西，稱為氧化鋯陶瓷，運用在高速削切工具、刀子、菜刀、剪刀等。立方晶體的氧化鋯和鑽石很相似，被用來做鑽石的仿製品。

39. 鈀(Pd)

鈀是具有光澤的銀白色金屬，富延展性。主要用於牙科治療，銀牙約含有 20%以上的鈀。由於它能吸收比自己體積大 900 倍的氫，所以是製造氫燃料電池的材料，在製造有機化合物的場所也常被當成催化劑。

40. 銀(Ag)

銀的導電、導熱率、反射率均是金屬之中最高的元素。銀所發出的白色光澤很美麗，它容易加工，又很便宜，所以飾品或餐具等都少不了它。

由於銀離子會和細菌的酵素結合，所以具有殺菌作用，可發展出除臭劑、除臭纖維等。銀的天敵是硫，它一碰到硫就會變黑，泡溫泉前記得把銀飾品收好。

41. 鎘(Cd)

在日本富山縣神通川附近曾經出現一種怪病，就是後來被稱為「日本四大公害病」之一的「痛痛病」，這全都肇因於從礦山所流下來的鎘水，由於鎘與人體所需要的鋅一樣可以順利進入人體中，累積之後會對骨頭產生危害，雖然現在仍會利用它來製造顏料或鎳鎘電池，不過使用方式卻受到嚴格的規範。

42. 銦(In)

銦可以用來製造「讓電流通過且透明」的薄膜，所以液晶、電漿、OLED等平面顯示器都需要它。

43. 錫(Sn)

錫能夠與多種金屬製成合金，如鍍在鐵的表面製成馬口鐵，通常用於罐頭或玩具、焊錫則是以鉛和錫為主要成分的合金，使用於金屬與金屬的接合。

44. 碘(I)

碘在室溫下呈固態，在緩和加溫下會直接昇華成紫色蒸氣。碘是人體必需的微量元素，它富含於海藻中，也是甲狀腺素重要的礦物質之一。碘溶進碘化鉀溶液會產生三碘化離子(I_3^-)，I_3^-用於澱粉檢測上，與澱粉反應會呈現藍色。另外，碘化銀則是人造雨的催化劑，雲中凍結的水蒸氣一旦碰到碘化銀就會立即溶解變成冰粒，然後變成雨滴。

45. 氙(Xe)

氙燈是利用氙氣內放電發光的原理，廣泛應用在攝影閃光燈、內視鏡、聚光燈、汽車車前燈等，也用來當做封入電漿顯示器的氣體。另外，因為能夠避免 X 光高能量電磁波通過，因此 CT（電腦斷層掃描）的顯影劑中也會用到它。

46. 銫(Cs)

銫原子鐘的準確度超群,最大的誤差只有每 30 萬年 1 秒。依據銫原子的電磁波週期,定義出 1 秒的時間長度。

47. 鋇(Ba)

在 X 光照射下硫酸鋇是不透明的,若想要對消化系統進行攝影檢查,可依據檢查的特定部位,選擇將硫酸鋇從口吞下或從肛門灌入,再經 X 光照相,就可顯現出消化管道的曲折細微影像,硫酸鋇穩定且不溶於水或胃酸,再加上不易變成離子,因此對人體不會產生影響。此外,金屬鋇在空氣中會發生激烈反應,是必須保存在石油中的危險物。

48. 鑭(La)

雖然鑭系元素以具磁性的同伴居多,但其中的鑭卻不具磁性。鑭除了用來做打火機的點火石外,還可以製成讓視野明亮的光學鏡片,所以被應用在照相手機上。

49. 鈰(Ce)

鈰在地球上的量比銅或銀還要多,它能吸收紫外線,被用來製造太陽眼鏡或抗 UV 玻璃。氧化鈰(CeO_2)用在打磨玻璃的研磨劑之中,另外,也用來清除玻璃的雜質鐵氧化後造成的顏色,提高玻璃透明度,替玻璃著上淡黃色時,也會用到它。氧化鈰也是淨化汽車廢氣的催化劑,能夠自然清除附著在引擎內側的粒子狀物質。此外,氧化鈰也是陶器釉藥的成分。

50. 鐠(Pr)

鐠單獨存在時是銀白色固體,但在氧化後會變成黃色,由於具有吸收藍光的功能,所以被用來製造熔焊工人戴的護目鏡。此外,它的黃色也用於製造釉藥,讓陶器更明亮。

51. 釓(Gd)

為了找出病灶,常會藉磁振造影(MRI)技術顯示人體內部圖像,在檢查前置入人體內的顯影劑中,就含有釓,由於它會吸收原子核釋出的中子,在核能發電的領域也很重要。

52. 鈥(Ho)

在治療中年男性的煩惱「前列腺肥大症」的雷射手術中，正是應用了鈥這個元素。它在切開的同時可以止血，並抑制疼痛與損傷，它也很擅長解決腎臟及尿道的結石。

53. 鎢(W)

鎢擁有金屬元素中最高的熔點，在所有元素中也僅次於碳（鑽石），高溫中的抗張強度佳，不易發生熱膨脹，蒸氣壓也低。身為金屬，電阻相對較高，而運用這些性質的產品中，最為人所知的就是白熾燈（電燈泡）的鎢絲。純鎢十分柔軟，不過與碳組成的化合物卻是堅硬的超硬合金，碳化鎢的硬度僅次於鑽石、碳化硼、碳化矽，經常用在切削工具和機械材料上。在高溫中強韌且穩定，也適合做為金屬加工工具的材料。鎢加入鋼中能夠提高強度和硬度，鎢鋼過去是戰車、大炮的材料，現在則用來製作菜刀。

54. 鉑(Pt)

鉑又稱為「白金」，是銀白色金屬，研磨後會發出銀一樣的光澤。經常用來製作首飾、裝飾品，鋼筆筆尖使用的也是鉑合金。鉑催化劑是貴金屬催化劑中最為人所知者。醫療領域的順鉑(cis[$PtCl_2(NH_3)_2$]) (Cisplatin®)則是癌症治療藥物。

55. 金(Au)

世界上延展性最好的金屬是金，3,800 克金拉成的細絲可從北京沿鐵路到上海，而 5 萬張金箔只有 1 毫米厚。純金以 24K 表示。金的用途廣泛，包括打線接合積體電路的金線等電子零件、牙科治療器材、奧運金牌等；醫療上使用化合物金硫蘋果酸鈉(sodium aurothiomalate)做為治療藥；化學方面，高活性的金催化劑受到有機合成領域的矚目。

56. 汞(Hg)

汞就是「水銀」，在常溫之下呈液體且會揮發，是唯一有此特性的金屬。甲基汞混入工廠廢水中，經魚類吸收後，吃魚的人會中毒，造成四大公害病之一的水俣病。汞能夠與其他金屬製作出稱為汞齊的合金。鏡子是汞與鉛、錫、鉍製成；電池是汞與鋅、鎘製成；牙科治療材料則是汞加入銀或

錫。成分為硫化汞的硃砂也使用在印泥、朱紅色顏料、中藥等之中。日光燈和水銀燈是利用密封在玻璃管內的汞氣體放電的原理發光。

57. 鉛(Pb)

鉛板的耐蝕性高，因此使用於化學工業上；也用在屋頂材料、建築材料。鉛能夠充分吸收 X 射線與 γ 射線，因此也是屏蔽放射線的材料。鉛玻璃是製造玻璃時加入氧化鉛(PbO)所製成，具透明度，折射率高，可操作性大，因此使用在光學玻璃、裝飾用水晶玻璃上。鉛玻璃也用於製作放射線診斷設備的屏蔽玻璃，油畫的白色顏料（鉛白色）、釣魚的鉛錘也含鉛。

58. 氡(Rn)

氡易溶於水，溶於地下水超過一定濃度形成的放射能泉就是氡溫泉。如日本秋田縣的玉川溫泉、山梨縣的增富溫泉、鳥取縣的三朝溫泉等，都頗負盛名。另外，還有說法認為微量的放射線能夠活化人體，具有多種療效。氡會存在地下水裡，氡的濃度會因為地殼變動、地下水的變動而改變，因此可視為地震的前兆，科學家正著手研究氡在地震預測上能夠提供的幫助。

59. 鐳(Ra)

瑪麗‧居禮（居禮夫人）在 1988 年發現了鐳，卻因此賠上了自己的命，儘管她在 1911 年獲得諾貝爾化學獎，卻也因為鐳的輻射導致白血病而過世。

60. 鈾(U)

「鈾-235」是鈾的同位素之一，它會分裂並引發一連串的核子反應。「鈾-238」在自然界比較多，但不會發生反應，當一顆中子撞擊鈾-235 原子時，會讓鈾-235 的原子核分裂成小碎片，並且產生巨大的能量，而鈾-235 破碎時會放出更多的中子，這些中子又會去撞擊其他的鈾-235 原子，發生一連串相同的反應，產生越多中子，後續反應的次數也愈多，這就是連鎖反應。當反應的速度快到無法控制時就非常危險了。舉例來說，在 1945 年第二次世界大戰末期，投在日本廣島和長崎的原子彈就是進行核分裂反應。

2-4 原子說
(Atomic Theory)

　　物質是由極微小的粒子所組成的，這一個概念遠在紀元前的希臘時代就很盛行。當時的希臘理論派哲學家認為，如果把一塊金切成兩半，這兩半還是金，若將半塊金再切一半，一半再一半的繼續切下去，最後應該可以得到一個不能再切下去、最小粒的金，這個不能再切（在希臘文 a-tomos 意即不能再切）的最微小粒子應該就是金的最基本單位，即**金原子**(atom)。

　　道耳吞(John Dalton)為了要合理解釋上述重要的化學定律，從 1803 年開始構想，並在 1808 年公開發表原子說，**道耳吞原子說**的要點如下：

1. 一切的物質都是由一種非常微小而不能再分割的粒子（即原子）所組成。

2. 同一種元素的原子，其性質、大小、質量都相同，不同種元素的原子則相異。

3. 不同種的原子能以一定數目之比例結合成為化合物。

4. 原子不能破壞，也不能創造，所有的化學現象都是由原子的結合或分離而引起的。

　　當時道耳吞只是憑藉推理而提出原子說，時至今日，由於近代物理學和化學的進步，對原子作更深一層的研究，發現他的原子說和實際情形有些出入，必須加以修正，上述要點分別修正如下：

1. 原子本身並不是構成物質的最小粒子，原子內還包含更微小的粒子，諸如質子、中子、電子及其他的次粒子。

2. 如今，我們知道大部分的元素都具有同位素，其質量不同，如氫(^{1}H)、氘(^{2}H)及氚(^{3}H)雖然都是屬於氫元素，但其質量分別為 1、2 及 3。故同一種元素的原子，其質量不見得完全相同。

3. 元素或化合物除了由原子個別排列外，還牽扯到幾何排列的不同。如鑽石和石墨都是碳原子構成，但鑽石是三度空間的網狀結晶，而石墨只是二度空間的網狀固體，他們的性質完全不同。

4. 在核子反應中,像鈾-235 的原子核可以產生核分裂而放出巨大能量(原子彈)。此外,像氫及其同位素可以融合為氦及其同位素而放出巨大能量(氫彈)。因此道耳吞所提「原子不能破壞,也不能創造」這句話是錯誤的(但在一般非核化學反應時,此敘述仍可成立)。

2-5 原子的結構
(The Structure of Atom)

　　道耳吞原子說雖然很成功地解釋了當時發現的重要化學定律,可是十九世紀最後幾年,科學家們一連串的新發現,諸如 1895 年陰極射線的發現,1896 年放射性衰變現象的得知,1897 年電子的發現,以及 1898 年放射性鐳的發現等,修訂了道耳吞的原子說後,原子的概念由空洞變得更實際,原子不再是一個單純的粒子,而是一個構造極為精巧、複雜的粒子,也由於上述那些新的發現,逐漸揭開了原子結構的奧秘。

　　原子結構的闡明,對於現代化學貢獻極大,元素的活性、各種化學鍵結的特性和放射性衰變現象等,都可由原子結構得到合理的解釋。

一、陰極射線及電子(Electron)的發現

　　1878 年,克魯克斯(William Crookes)在研究真空管中放電時,發現由陰極有一種眼睛看不見的射線射到真空管的對壁,但在管壁塗上硫化鋅(ZnS),可使玻璃發出螢光。後來實驗得知,此射線是以直線進行,但可受電場及磁場所偏折,且遇到固體物質能夠被阻擋等特性。因它是由陰極放出,故稱之為**陰極射線**(cathode ray),如圖 2-1。

　　1897 年,湯木生(J. J. Thomson)研究陰極射線的特性,他發現在實驗時無論陰極面所用的物質有無改變,在玻璃管內未抽氣以前的氣體種類是否不同,即使在陰極所用的電線不同和產生電流所用的電源不同,所得到陰極射線的性質都是一樣的。這結果表示,陰極射線為帶負電荷的粒子,湯木生稱之為**電子**(electron),這電子是組成物質中各種原子所共同有的一個基本粒子,並測得其所帶電荷與其質量的比值,即荷質比$(e/m) = 1.759 \times 10^{8}$庫侖／克。

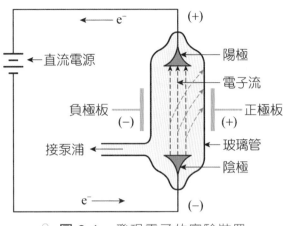

圖 2-1 發現電子的實驗裝置

並由密立肯(R. Milikan)油滴實驗（圖 2-2）測知一個電子所帶電量為 1.602×10^{-19}coul（庫侖），因此一個電子的質量為 9.11×10^{-28}g。

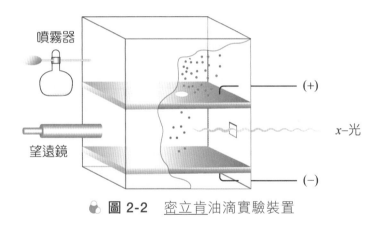

圖 2-2 密立肯油滴實驗裝置

二、質子(Proton)

1919 年，拉塞福(Ernest Rutherford)用 α 粒子撞擊氮(N)核而發現了帶正電荷的**質子**(proton)。後來他又用 α 粒子去撞擊硼(B)、鋁(Al)、氟(F)及磷(P)的原子核，也都能產生質子，故斷定質子也是所有原子結構中所共同有的基本粒子。一個質子所帶電量也是 1.6×10^{-19}coul（庫侖），不過帶的是正電荷。一個質子的質量為 1.672×10^{-24}g，為一個電子質量的 1,837 倍。

三、中子(Neutron)

1932 年，查兌克(Chadwick)用 α 粒子撞擊鈹(Be)的原子核，產生一種穿透力很強，但並不帶電荷的粒子，稱之為**中子**(neutron)。其質量和質子很接近，經測定約為 1.675×10^{-24}g，為一個電子質量的 1,839 倍。表 2-3 為構成原子的三種基本粒子的特性。

表 2-3 三種基本粒子的特性

名稱	質量 原子質量單位(amu)	電荷	符號
電子	0.00055	1 −	e^-
質子	1.00728	1 +	p
中子	1.00867	0	n

四、原子核(The Nuclei of Atom)

1908 年，拉塞福做了一系列很有價值的實驗，結果發現了原子核的存在。如圖 2-3(a)，將放射性元素氡(Rn)或鐳(Ra)放置在管內左方鉛的凹槽內，此放射性元素發射出 α 射線，撞擊金箔後，絕大多數的 α 射線粒子沿直線穿透過金箔而到達正後方的硫化鋅(ZnS)螢光幕而產生強烈的螢光，僅有極少數（約十萬分之一）的 α 粒子被反彈折回至金箔前面的螢光幕上，另外還有少數 α 粒子折射在金箔的後上方和後下方。由上述的實驗結果，拉塞福認為原子內絕大部分是空間，故帶正電荷的 α 射線能直透過去，只有碰到原子中間很微小而帶正電荷的中心才會反彈到金箔的正前方，行經正電荷中心附近的 α 射線則由於同性電荷互相排斥而偏折一個角度，射到後上方或後下方（圖 2-3(b)）。因此他提出了一個重要的**拉塞福原子模型**：任何一個原子內含有一個很微小（其直徑為整個原子的十萬分之一），但帶正電荷，而且具有質量（幾乎整個原子的質量全集中於此）的中心，稱之為**原子核**，所有的電子則圍繞在原子核以外的空間，如圖 2-4 所示。

　　原子核為帶正電荷的質子和不帶電荷的中子所組成，質量重而體積小。再加上核外游動的電子組合為整個原子，原子核外的總負電荷等於原子核內的總正電荷。故原子的**三個基本粒子**(three fundamental particles)為**質子、中子**及**電子**。

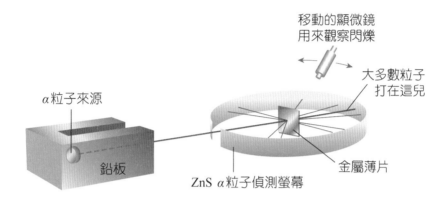

(a)拉塞福的散射實驗裝置

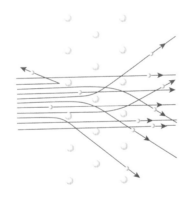

(b)拉塞福散射實驗的 α 粒子碰撞結果

　🔬 **圖 2-3**　拉塞福實驗和結果

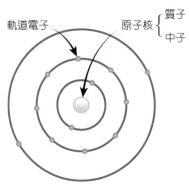

🔵 **圖 2-4**　原子之基本構造

2-6　原子序與質量數
(Atomic Number and Mass Number)

　　每個原子都含有質子、中子及電子三種基本粒子（只有氫原子沒有中子，是唯一的例外），不同元素的原子所含各粒子的數目都不一樣。任一個原子內的質子數必定與電子數相等，如此才能保持原子的不帶淨電荷狀態（電中性），所以一個質子所帶的電量和電子相同，不過電性相反。每個原子所含的質子數（亦即其電子數）稱為該原子的**原子序**(atomic number)，以 Z 為符號。目前國際公認的元素，其原子序由 1~114 及 116。每一個原子所含質子(p)及中子(n)均密集於原子的中心，稱為**原子核**(nucleus)，質子及中子都稱為**核子**(nucleon)。**質量數**(mass number)是質子數與中子數的總和（亦即核子的總數）。

　　由於原子量是原子內三種基本粒子的總質量，其中電子質量可忽略不計，故質子和中子的總質量約略等於原子量，又一個質子的質量約等於 1 amu（atomic mass unit 原子質量單位，1 amu＝1.66×10^{-24}g），1 個中子的質量也約等於 1 amu，故質子和中子的總質量約等於質量數，質量數以 A 代表，則一個原子內的中子數等於質量數 A（或取原子量最接近的整數值）減去原子序 Z，即：

　　　　中子數＝A – Z

因 A－Z＝（質子數 ＋ 中子數）－（質子數）＝中子數

為了方便，元素的原子結構通常以符號來表示，假設以 X 代表某一原子，A 表質量數（或原子量），Z 表原子序，V 表所攜帶電荷數，其表示法如下：

如 $^{235}_{92}U$，其原子序為 92，質量數為 235，由此可算出鈾-235 的中子數 ＝ 235 － 92 ＝ 143，質子數 ＝ 電子數 ＝ 92。$^{27}_{13}Al^{3+}$ 表電荷為正三價的鋁離子，其原子序為 13，質量數為 27。

例題 2-1

試求：(1) $^{81}_{35}Br^-$，(2) $^{63}_{29}Cu^{2+}$，各具有多少個質子、電子和中子？

解

數目 粒子種類 離子	質子(p)	電子(e^-)	中子(n)
(1) $^{81}_{35}Br^-$	35	36	46
(2) $^{63}_{29}Cu^{2+}$	29	27	34

原子序(Z)＝質子數(p)

電子數(e^-)＝質子數(p)－電荷數

$\because$ 質量數(A)＝質子數(p)＋中子數(n)

$\therefore$ 中子數(n)＝$A － p$

2-7 同位素
(Isotopes)

同一種元素其原子序相同，但質量數不同的諸元素謂之**同位素**(isotopes)。也就是說原子核中質子數相同，而中子數不同的諸原子互稱為同位素。

如 $^{12}_{6}C$ 和 $^{13}_{6}C$ 均有六個質子，不過 $^{12}_{6}C$ 只有六個中子，而 $^{13}_{6}C$ 卻有七個中子，故 $^{12}_{6}C$ 和 $^{13}_{6}C$ 是同位素。

同位素的存在可由**質譜儀**(mass spectrometer)加以證實，質譜儀（如圖2-5所示）不但可測知各同位素之質量，且由其吸收峰的高度可獲知該同位素的分布比值；例如圖2-6為氯元素之質譜圖，可知氯元素存在 ^{35}Cl 及 ^{37}Cl 兩同位素，且其分布比為 ^{35}Cl (75.76%)和 ^{37}Cl (24.24%)。一些常見的天然同位素，詳列於表2-4。

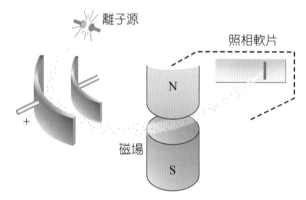

離子源

照相軟片

N

磁場

S

+

🔴 **圖 2-5** 質譜儀的圖解

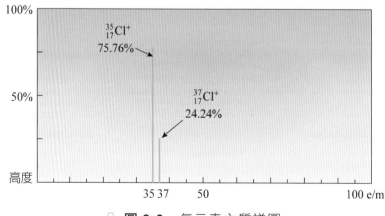

$^{35}_{17}Cl^+$
75.76%

$^{37}_{17}Cl^+$
24.24%

100%

50%

高度

35 37   50   100 e/m

🔴 **圖 2-6** 氯元素之質譜圖

表 2-4　天然存在的同位素

元素	同位素	自然含量(%)	同位素質量(amu)
氫(H)	$^{1}_{1}H$	99.985	1.00783
	$^{2}_{1}H$	0.015	2.01410
氦(He)	$^{3}_{2}He$	0.00013	3.01603
	$^{4}_{2}He$	99.99987	4.00260
鋰(Li)	$^{6}_{3}Li$	7.42	6.01512
	$^{7}_{3}Li$	92.58	7.01600
碳(C)	$^{12}_{6}C$	98.892	12.00000
	$^{13}_{6}C$	1.108	13.00336
氮(N)	$^{14}_{7}N$	99.635	14.00307
	$^{15}_{7}N$	0.365	15.00011
氧(O)	$^{16}_{8}O$	99.759	15.99491
	$^{17}_{8}O$	0.037	16.99913
	$^{18}_{8}O$	0.204	17.99916
氖(Ne)	$^{20}_{10}Ne$	90.92	19.99244
	$^{21}_{10}Ne$	0.257	20.99385
	$^{22}_{10}Ne$	8.82	21.99138
氯(Cl)	$^{35}_{17}Cl$	75.76	34.96885
	$^{37}_{17}Cl$	24.24	36.96590
溴(Br)	$^{79}_{35}Br$	50.54	78.92509
	$^{81}_{35}Br$	49.46	80.92241

2-8　原子量、分子量與莫耳數
(Atomic Weight、Molecular Weight and mole number)

一、原子量

在第一次世界大戰前，兩位科學家湯木生(Thomson)和亞斯頓(Aston)曾經做氣態的荷電粒子被電場及磁場偏折的實驗，大戰之後，他們依據實驗結果，完成比較原子質量的儀器，稱之為**質譜儀**(mass spectrometer)，如圖 2-5 所示。質譜儀可用來測量一個質子、中子、電子或者整個原子的質量。

各元素的原子質量，其數值極小，沒有多大實用價值，因此原子的質量通常是以相對比較的數值來表示，稱之為**原子量**(atomic weight)。因原子量是一相對數值，須有一原子作為基準，以前是採用氧(O)原子量16.0000為基準。1961年IUPAC（國際純粹及應用化學協會）開會決定以碳的同位素中存在量最多的^{12}C當做新的原子量基準，定為12.0000，其他元素的一個原子與一個^{12}C原子比較所得的數值為此元素的原子量。

原子量為各原子的比較重量，因此無單位，化學家為了方便常以 g（克）為其單位，稱之為**克原子量**(gram atomic weight)。度量一個原子的重量時，化學上常使用**原子質量單位**(atomic mass unit)來表示，其符號為 amu。1 個碳原子的重量＝12 amu。

自然界的元素，大多數都有同位素的存在，但其含量百分比不同，故其平均原子量的計算必須根據各同位素所存在的百分比率。茲以氧(O)為例說明如下，氧有三種安定的同位素：

^{16}O　　15.9949 amu　　99.76%
^{17}O　　16.9991 amu　　0.04%
^{18}O　　17.9992 amu　　0.20%

則氧的平均原子量＝(15.9949×99.76%)＋(16.9991×0.04%)
　　　　　　　　　　＋(17.9992×0.2%)
　　　　　　　　＝15.9994 (amu)

例題 2-2

自然界中碳元素存在同位素 $_6^{12}C$ 及 $_6^{13}C$，試由同位素分布比值表，求碳之平均原子量。

解 查表 2-4，得知：$_6^{12}C$(98.892%)，$_6^{13}C$(1.108%)

故碳元素之平均原子量為：

$12.0000 \times 98.892\% + 13.00336 \times 1.108\% = 12.011$ (amu)

二、分子量

一純物質的化學式中，其各元素原子量的總和，稱為該化學式的**式量**(formula weight)。若該化學式代表一分子化合物者稱之為**分子量**，即分子量為式量之一。如水(H_2O)分子由 2 個 H 原子和 1 個 O 原子化合而成，故水的分子量等於$(1 \times 2) + 16 = 18$。1 分子蔗糖($C_{12}H_{22}O_{11}$)是由 12 個 C 原子、22 個 H 原子和 11 個 O 原子化合而成，故其分子量為$(12 \times 12) + (1 \times 22) + (16 \times 11) = 342$。不過因離子化合物和網狀共價化合物沒有分子式，只以實驗式表示其組成原子，則以式量來表示。如食鹽(NaCl)的式量為 $23 + 35.5 = 58.5$；砂、石英的實驗式為 SiO_2，其式量為 $28 + (16 \times 2) = 60$。

一般採用的分子量也是比較分子間的相對質量，以氧分子(O_2)之分子量定為 32，其他分子和 O_2 的相對質量便是其分子量。若以克(g)為分子量的單位，稱為**克分子量**(gram molecular weight)。如 1 個氨分子(NH_3)的實際分子量為 $14 + (1 \times 3) = 17$ amu，而 1mole NH_3 為 17 g。17 g 的 NH_3 內含有 6.02×10^{23} 個 NH_3 分子。

三、莫耳數

當我們想計算一個像米粒一樣的龐大數量時，我們通常不會一顆一顆來計算，可能代之以「一袋」（40 公斤）或「一包」（4 公斤）來計量，雖然，每一袋米的個數不見得相同，但試想，如果每顆米大小皆同，那兩袋皆為 40 公斤的米，其所含的米粒數目是不是就相同了呢？

　　莫耳(mole)來自拉丁文(moles)，原意為「一堆」「一團」之意，然而，這「一堆」到底有多大堆？還有，每一堆應該要一樣大堆才有意義（否則根本就不用去定義了），然而，這「一樣」大堆的依據為何？是個數、質量或體積呢？

　　原子的莫耳數＝原子質量（克）／原子量（克／莫耳）

　　分子的莫耳數＝分子質量（克）／分子量（克／莫耳）

　　每一莫耳的原子相當於該原子的原子量（克），例如，氧的原子量為 16，則一莫耳的氧原子為 16 克；當然，如果是分子則以其分子量為基準，例如：水的分子量為 18，則一莫耳的水為 18 克。

例題 2-3

試計算 196 克的硫酸(H_2SO_4)中有若干莫耳的硫酸分子？($H = 1$；$S = 32$；$O = 16$)

解 硫酸的分子量＝$(1 \times 2) + (32 \times 1) + (16 \times 4) = 98$

硫酸的莫耳數(n)＝196 克／98＝2 莫耳

學習評量

1. 試述元素的分類，並舉例說明之。

2. 試指出下列元素在週期表中的位置及其元素符號：
   (1)鋁　(2)氫　(3)鈣　(4)鍺　(5)碘　(6)鉛。

3. 寫出下列符號的元素名稱：
   (1)K　(2)Na　(3)S　(4)B　(5)N　(6)Be。

4. 試分類下列各元素，並說明其性質：
   (1)氖　(2)碳　(3)鉀　(4)氦　(5)鈉　(6)錫。

5. 請指出下列敘述最適當的元素為何？
   (1) 非金屬，黃色，可燃燒。
   (2) 銀灰色金屬，很輕，常用於製造門窗。
   (3) 液態金屬，可用來製造溫度計。
   (4) 半導體材料，可用來製造電晶體。
   (5) 金屬，熔點高，可做燈泡的燈絲。
   (6) 黃色金屬，其延展性是金屬中最好的。
   (7) 唯一的紅棕色金屬。
   (8) 空氣中含量最多的氣體。
   (9) 黃綠色氣體，有毒。
   (10) 色澤光亮，其導電性與導熱性是金屬中最好的。
   (11) 最活潑的金屬元素。
   (12) 最活潑的非金屬元素。

6. 下列化合物溶於水後，何者呈酸性？何者呈鹼性？
   (1)CaO　(2)CO_2　(3)Li_2O　(4)BeO　(5)PO_3。

7. 試述週期表的應用。

8. 試利用週期表預測原子序為 119 元素的化性和物性。

9. 試解釋何謂同位素？

10. 道耳吞原子說的內容為何？目前是否需要修正？

11. 試述確定原子結構及其組成的相關實驗。

12. 下列敘述是錯誤的，請更正畫線的文字。
   (1) 質子是中性的粒子。
   (2) 原子核是原子中最大的一部分。
   (3) 電子位於原子核內。
   (4) 中子帶有負電荷。
   (5) 原子大部分的質量來自於電子。

13. 試求下列各原子或離子含有質子、中子和電子各多少個？
   (1) $^{23}_{11}Na$ (2) $^{207}_{82}Pb$ (3) $^{40}_{20}Ca^{2+}$ (4) $^{35}_{17}Cl^-$ (5) $^{56}_{26}Fe^{3+}$ 。

14. 下列元素中，何者具有奇數個中子和奇數個質子？
   (1) $^{1}_{1}H$ (2) $^{14}_{7}N$ (3) $^{31}_{15}P$ (4) $^{27}_{13}Al$ (5) $^{108}_{47}Ag$ 。

15. 自然界的氯是 ^{35}Cl 和 ^{37}Cl 的混合，假設 ^{35}Cl 和 ^{37}Cl 的同位素質量分別是 35.0 amu 和 37.0 amu，而已知氯的原子量是 35.5 amu，求各同位素所占的百分率。

16. 同一元素的同位素之間，下列性質何者相同？何者不同？
   (1)原子序   (2)電子數目   (3)質子數目   (4)中子數目   (5)質量數
   (6)週期表的位置   (7)一般化學性質   (8)氣態時的擴散速率。

17. 試完成下表：

	名稱	符號	原子序	質子數	中子數	電子數	質量數
(1)	鋁			13			27
(2)			6		6		
(3)	銅		29		34		
(4)		$^{80}_{35}Br$					
(5)		$^{23}_{11}Na^+$					

18. 4 莫耳的硝酸(HNO_3)質量為若干克？(H: 1；N: 14；O: 16)

CHAPTER

03 電子組態與化學鍵

電子組態
(Electronic Configuration)

一、原子的電子結構

　　根據<u>庖立</u>(W. Pauli)的**電子構築原理**(electronic building principle)，認為原子核外圍的電子是依照能量增加的順序，依次填入電子軌域(electronic orbital)中，直至電子的總數和核內質子數相同的排列為止，<u>波耳</u>(N. Bohr) 首先提出有關原子內電子的運動情形和所帶能量的學說，其認為各電子依其所含不同的能量，而占據不同的電子軌道，不停地繞著原子核而作圓周運動。但依照**量子力學**的學說則認為電子具有波動性，並不是循著一個固定的軌道，繞著原子核作圓周運動，而是以高速度離原子核忽遠忽近地運動，而成為雲狀分布（電子雲），沒有一個十分精確的路徑，但若將某一特定電子在運行當中出現最大或然率之處（即電子雲當中密度最大的地方）描繪出來，則為其**電子軌域**。

　　距離原子核越遠的電子軌域，其能階層越高，若以 n（正整數）代表**主量子數**(principal quantum number)來表示電子軌域能階層次的順序，n 值越大表示電子軌域的能階越高。當 $n=1$ 時為最靠近原子核的第一主層，又稱 K 層(K Shell)，$n=2$ 為第二主層，又稱 L 層(L Shell)，$n=3$ 為 M 層，$n=4$ 為 N 層，各主層所能包含的最大電子數循一規則性，其數目為 $2n^2$，如表 3-1 所示。

表 3-1 各主層電子軌域的最大電子數

層別	主量子數(n)	最大電子數($2n^2$)
K	1	2
L	2	8
M	3	18
N	4	32

　　索末菲(A. Sommerfeld)發現各主層軌域尚包含若干能階不同的副層 (sub-shell)軌域，分別以 s、p、d 和 f 來表示。圖 3-1 表示副層軌域的電子分布狀態。s 軌域為球狀的，p 軌域分成 p_x、p_y、p_z 各為啞鈴狀的，d 及 f 軌域的圖形較複雜。

　　在多電子原子系統中，在同一主層（主量子數相同）之中，其副層的能階以 f 最高，d 次之，p 再次之，而以 s 為最低。

　　　　$f > d > p > s$（主量子數相同時）

　　各副層有一定的電子軌域，s 副層只有 1 個軌域，p 副層有 3 個軌域，d 副層有 5 個軌域，f 副層有 7 個軌域，如圖 3-2 所示。而每一個電子軌域都具有**順時鐘方向自轉**(clockwise spin)和**逆時鐘方向自轉**(anti-clockwise spin)的兩個電子存在。根據<u>庖立</u>的**不相容原理**(Pauli's exclusion principle)認為每一個電子軌域同時只能容納兩個自轉方向相反的電子存在，則各副層 s、p、d、f 最多能容納的電子數，分別為 2、6、10、14。每一個主層所含之副層軌域數為 n^2，而每一個副層軌域最多容納 2 個電子，則每一個主層最多能容納 $2n^2$ 個電子，如圖 3-2 及表 3-2。K 層($n=1$)只有一個副層軌域，即 $1s$；L 層($n=2$)有 4 個副層軌域，即 1 個 $2s$，3 個 $2p$；M 層($n=3$)有 9 個副層軌域，即 1 個 $3s$，3 個 $3p$，5 個 $3d$；N 層($n=4$)有 16 個副層軌域，即 1 個 $4s$，3 個 $4p$，5 個 $4d$，7 個 $4f$。

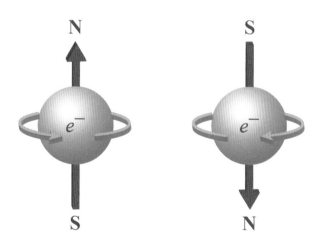

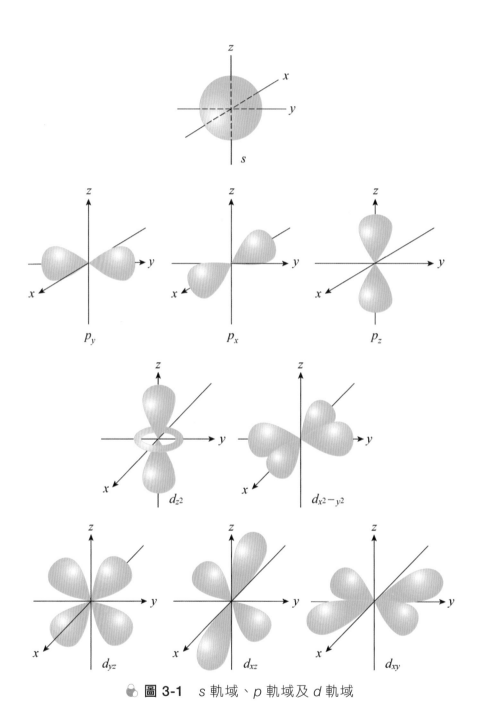

🔵 **圖 3-1** s 軌域、p 軌域及 d 軌域

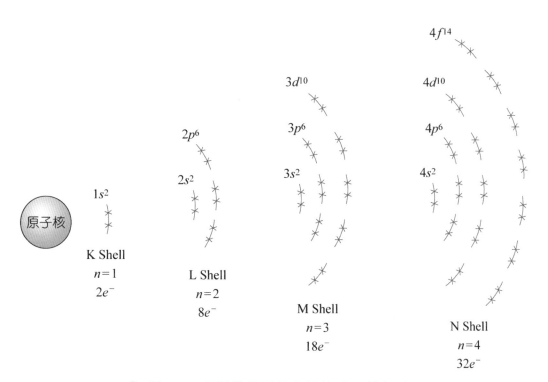

🔵 **圖 3-2** 原子核外電子主層軌域及所含副層

🔬 **表 3-2** 主層及副層軌域的電子分布情形

主層	主量子數 (n)	副層軌域數 (n^2)	主層最多電子數 ($2n^2$)	副層 種類	副層最多 電子數
K	$n=1$	1	2	$1s$	2
L	$n=2$	4	8	$2s$	2
				$2p$	6
M	$n=3$	9	18	$3s$	2
				$3p$	6
				$3d$	10
N	$n=4$	16	32	$4s$	2
				$4p$	6
				$4d$	10
				$4f$	14

二、電子組態

前面已提到庖立的電子構築原理，電子係依照能量增加的順序，依次填入原子核外的電子軌域中。原子序越大的原子，其電子軌域越複雜，而且主層也有互相重疊的機會。在多電子原子時，因各軌域電子雲的遮掩刺穿效應，使得各電子副層能階的增加順序為 $1s \rightarrow 2s \rightarrow 2p \rightarrow 3s \rightarrow 3p \rightarrow 4s \rightarrow 3d \rightarrow 4p \rightarrow 5s \rightarrow 4d \rightarrow 5p \rightarrow 6s \rightarrow 4f \rightarrow 5d \rightarrow 6p \rightarrow 7s \rightarrow 5f \rightarrow 6d \rightarrow 7p$，此能階高低順序，被歸納整理成奧夫堡原則(Aufbau principle)，如圖 3-3 所示。

一個元素原子內所含所有的電子，依照奧夫堡原則，圖 3-3 副層軌域排列順序的排列情形，稱為該原子的**基態**（能量最低之電子組態），各元素的基態如表 3-3 所示。

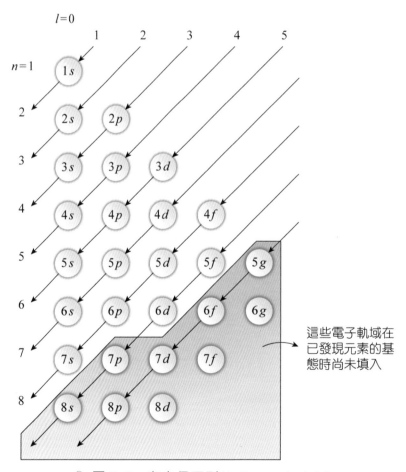

這些電子軌域在已發現元素的基態時尚未填入

🔮 **圖 3-3**　奧夫堡原則(Aufbau principle)

表 3-3 各元素基態時的電子組態

元素	原子序	1s	2s	2p	3s	3p	3d	4s	4p	4d	4f	5s
H	1	1										
He	2	2										
Li	3	2	1									
Be	4	2	2									
B	5	2	2	1								
C	6	2	2	2								
N	7	2	2	3								
O	8	2	2	4								
F	9	2	2	5								
Ne	10	2	2	6								
Na	11	[Ne]			1							
Mg	12				2							
Al	13				2	1						
Si	14				2	2						
P	15				2	3						
S	16				2	4						
Cl	17				2	5						
Ar	18	2	2	6	2	6						
K	19	[Ar]						1				
Ca	20							2				
Sc	21						1	2				
Ti	22						2	2				
V	23						3	2				
Cr	24						5	1				
Mn	25						5	2				
Fe	26						6	2				
Co	27						7	2				
Ni	28						8	2				
Cu	29						10	1				
Zn	30						10	2				
Ga	31						10	2	1			
Ge	32						10	2	2			
As	33						10	2	3			
Se	34						10	2	4			
Br	35						10	2	5			
Kr	36	2	2	6	2	6	10	2	6			
Rb	37	[Kr]										1
Sr	38											2
Y	39									1		2
Zr	40									2		2
Nb	41									4		1
Mo	42									5		1
Tc	43									6		1
Ru	44									7		1
Rh	45									8		1
Pd	46									10		
Ag	47									10		1
Cd	48									10		2

依上述原則，原子序(Z)由 1 至 20 諸元素的電子組態如下：

$_1$H　　　$1s^1$

$_2$He　　$1s^2$

$_3$Li　　　$1s^2 2s^1$

$_4$Be　　$1s^2 2s^2$

$_5$B　　　$1s^2 2s^2 2p^1$

$_6$C　　　$1s^2 2s^2 2p^2$

$_7$N　　　$1s^2 2s^2 2p^3$

$_8$O　　　$1s^2 2s^2 2p^4$

$_9$F　　　$1s^2 2s^2 2p^5$

$_{10}$Ne　　$1s^2 2s^2 2p^6$

$_{11}$Na　　$1s^2 2s^2 2p^6 3s^1$

$_{12}$Mg　　$1s^2 2s^2 2p^6 3s^2$

$_{13}$Al　　$1s^2 2s^2 2p^6 3s^2 3p^1$

$_{14}$Si　　$1s^2 2s^2 2p^6 3s^2 3p^2$

$_{15}$P　　　$1s^2 2s^2 2p^6 3s^2 3p^3$

$_{16}$S　　　$1s^2 2s^2 2p^6 3s^2 3p^4$

$_{17}$Cl　　$1s^2 2s^2 2p^6 3s^2 3p^5$

$_{18}$Ar　　$1s^2 2s^2 2p^6 3s^2 3p^6$

$_{19}$K　　　$1s^2 2s^2 2p^6 3s^2 3p^6 4s^1$

$_{20}$Ca　　$1s^2 2s^2 2p^6 3s^2 3p^6 4s^2$

　　一個原子內電子的排列，原則上依照上述各軌域的能階順序來排列，但有些元素（尤其是過渡性元素）其電子排列較特殊，須依照**罕德定則**(Hund's rule)來排列。罕德定則：同能階的軌域，電子盡量以不成對來填入這些軌域中，直到半滿後，再填入已占據一個電子的各軌域中。例如 p 軌域可分為 p_x、p_y 及 p_z，在分配電子時，p_x、p_y 及 p_z 先各分配 1 個（形成半滿），再回頭把 p_x、p_y 及 p_z 先後次序填滿。舉例如下：

$_7$N	$1s^2 2s^2 2p_x^1 2p_y^1 2p_z^1$	（並非 $2p_x^2 2p_y^1 2p_z^0$）
$_8$O	$1s^2 2s^2 2p_x^2 2p_y^1 2p_z^1$	（並非 $2p_x^2 2p_y^2 2p_z^0$）
$_9$F	$1s^2 2s^2 2p_x^2 2p_y^2 2p_z^1$	

　　依據罕德定則也可以用來說明**電子提陞**(electronic promotion)的作用。如 $_6$C 的電子組態本來是 $1s^2 2s^2 2p_x^1 2p_y^1 p_z^0$，但由碳的共價化合物，發現 C 具有 4 個共價鍵，只有用電子提陞的理論才能圓滿解釋，即 $_6$C 的電子組態被提陞為 $1s^2 2s^1 2p_x^1 2p_y^1 2p_z^1$，如此具有 4 個不成對電子，可以用來和其他原子產生 4 個共價鍵的結合，而形成安定的四面體化合物。

　　有關離子的電子組態，跟中性原子類似，只要將所失去或獲得的電子數計算進去就可以。依據**八隅體學說**：任何一個原子其核外最外層的電子（價電子）為 8 個的時候最安定。電子組態和元素的性質有密切的關係，**惰性氣體**除了氦(He)為 $1s^2$ 之外，都在最外主層有 8 個價電子，而且以 $s^2 p^6$ 的組態表示，亦即 $s^2 p^6$ 組態為最安定的排列。此時恰可將最外層所在的 s 和 p 軌域填滿，如同 VIII A 族的鈍氣之電子組態($ns^2 np^6$)一樣甚為安定。像一般的金屬原子其價電子小於 4 個，通常會失去電子以達八隅體（此時原來次外層變為最外層有 8 個價電子），而成為陽離子（本來是電中性，失去電子後，負電荷數減少，核內的質子數並沒有改變，即正電荷數沒有改變，故形成帶正電荷的陽離子），其離子的電子組態和上一週期的鈍氣之電子組態相同。而非金屬原子其價電子大於 4 個，通常會得到電子以湊成 8 個價電子而成為陰離子，其離子的電子組態和同週期的鈍氣之電子組態相同。舉例如下：

$_{19}$K$^+$	$1s^2 2s^2 2p^6 3s^2 3p^6$	（和 $_{18}$Ar 相同）
$_{20}$Ca^{2+}	$1s^2 2s^2 2p^6 3s^2 3p^6$	（和 $_{18}$Ar 相同）
$_{12}$Mg^{2+}	$1s^2 2s^2 2p^6$	（和 $_{10}$Ne 相同）
$_{16}$S^{2-}	$1s^2 2s^2 2p^6 3s^2 3p^6$	（和 $_{18}$Ar 相同）
$_{17}$Cl$^-$	$1s^2 2s^2 2p^6 3s^2 3p^6$	（和 $_{18}$Ar 相同）
$_9$F$^-$	$1s^2 2s^2 2p^6$	（和 $_{10}$Ne 相同）

<table>
<tr><td></td></tr>
</table>

3-2 游離能與電子親和力
(Ionization Energy and Electron Affinity)

一、游離能(Ionization Energy)

從氣態中性原子之基態上移去最外層軌域上的一個電子，所需要的能量稱為該原子的**第一游離能** E_1 (first ionization energy)，此反應可以下式表示：

$$A_{(g)} \quad + \quad E_1 \quad \rightarrow \quad A^+_{(g)} \quad + \quad e^-$$

原子 　　第一游離能 　　陽離子 　　　電子

第一游離能(E_1)以**電子伏特**(e.V.)為單位。移出第二個電子所需的能量稱為第二游離能(E_2)，第二游離能比第一游離能大，因為需要更多的能量來克服原子核的吸引力。依此類推，有第三、第四游離能(E_3、E_4)，且其值越來越大，如表 3-4 所示。由原子第一游離能的大小，即知其失去電子傾向的大小。活潑金屬的游離能比較低，故較容易失去電子而形成陽離子。同族的游離能，隨原子序增大而減少，因原子序越大，則其價電子受到原子核的引力越小，故移去這個電子所需的游離能自然較小。同週期的游離能則隨原子序增大而大致呈增加現象，每週期以鈍氣為最大。

研究一個原子的游離能數值可幫助我們瞭解核外電子排列的概念。以表 3-4 為例，說明如下：

1. 鉀(K)、鈉(Na)和鋰(Li)等元素的原子之第一游離能 E_1 都很低，但第二游離能 E_2 極高，表示這些原子都具有一個很容易被移出去的電子。

2. 鎂(Mg)和鈣(Ca)的第一和第二游離能都很低，但第三游離能甚大，表示這些原子具有兩個較容易被移出去的電子，其餘的電子則分布於較靠近原子核的區域，結合得更緊密，較不容易被移出。

3. 氦(He)、氖(Ne)和氬(Ar)等元素的第一游離能 E_1 就很高，表示這些原子核對所有電子的吸引力很大，很不容易失去電子。

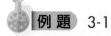 表 **3-4** 前 20 個元素之游離能(e.V.)

原子序	符號	E_1	E_2	E_3	E_4	E_5	E_6	E_7	E_8
1	H	13.6							
2	He	24.6	54.4						
3	Li	5.4	75.6	121.8					
4	Be	9.3	18.1	143.1	216.6				
5	B	8.3	25.0	37.8	258.1	338.5			
6	C	11.3	24.3	47.6	64.2	390.1	490.0		
7	N	14.5	29.5	47.4	77.0	97.4	552.0	666.8	
8	O	13.6	34.9	54.9	77.0	113.0	137.5	739.0	871.1
9	F	17.3	34.8	62.4	86.7	113.7	156.4	184.3	953.6
10	Ne	21.6	40.9	63.2	97.2	126.4	158.0	-	-
11	Na	5.1	47.1	70.7	99.1	138.6	172.4	208.4	264.2
12	Mg	7.6	15.0	79.7	108.9	141.2	187.0	225.0	266.0
13	Al	6.0	18.7	28.3	119.4	153.4	190.4	241.9	282.1
14	Si	8.2	16.3	33.4	44.9	165.6	205.1	246.4	303.1
15	P	11.0	19.6	30.0	51.1	64.7	220.4	263.3	309.3
16	S	10.4	23.3	34.9	47.1	72.5	88.0	281.0	328.8
17	Cl	13.0	23.8	39.9	53.5	67.8	96.7	114.3	348.3
18	Ar	15.8	27.6	40.9	59.8	75.0	91.3	124.0	143.5
19	K	4.3	31.8	46.5	60.9	82.6	99.7	118.0	155.0
20	Ca	6.1	11.9	51.2	67.0	84.4	109.0	128.0	143.0

例 題 3-1

試比較 H，He，Li，Be 的第一游離能(E_1)順序。

解 ∵H、He 為第一週期元素

Li、Be 為第二週期元素

(H、He)之 E_1 大於(Li、Be)之 E_1

同一週期中　H < He, Li < Be

∴He > H > Be > Li

二、電子親和力(Electron Affinity)

將一個電子加到一個基態的中性氣態原子時，所發生的能量變化，稱為**電子親和力**，即：

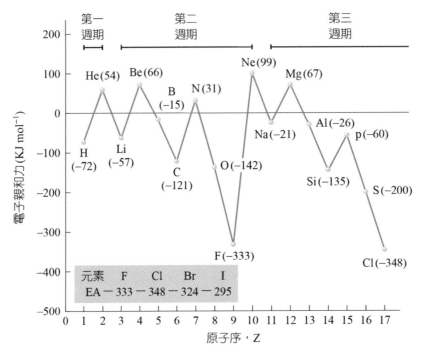

第一週期　第二週期　第三週期

He(54)　Be(66)　N(31)　Ne(99)　Mg(67)

B(−15)　Na(−21)　Al(−26)　p(−60)

H(−72)　Li(−57)　O(−142)　Si(−135)　S(−200)

C(−121)

F(−333)　Cl(−348)

電子親和力 (KJ mol⁻¹)

元素	F	Cl	Br	I
EA	−333	−348	−324	−295

原子序，Z

● **圖 3-4** 　原子序 1~17 元素的電子親和力之週期性

大多數原子的電子親和力為放熱反應，如圖 3-4 所示，電子親和力中放熱最大者為氯(Cl, −348 KJ mol⁻¹)，此值比游離能中最小的鍅(Fr, 368 KJ mol⁻¹)所需的能量還小，因此，電子親和力的絕對值永遠比游離能值小。

影響電子親和力的主要因素，有原子大小、電子組態及核電荷。電子親和力大約在同一週期中，原子序越大者，其放熱越大。A 族元素的電子親和力如表 3-5 所示。

✹ **表 3-5** A 族元素的電子親和力

I A							VIII A
H −72.4	II A	III A	IV A	V A	VI A	VII A	He (+21)
Li −59.8	Be (+241)	B −23.2	C −122	N 0	O −142	F −333	Ne (+29)
Na −53.1	Mg (+232)	Al −44.4	Si −120	P −74.3	S −201	Cl −348	Ar (+35)
K −48.3	Ca (+156)	Ga (−35.7)	Ge −116	As −77.2	Se −195	Br −324	Kr (+39)
Rb −47.3	Sr (+120)	In (−33.8)	Sn −121	Sb −101	Te −190	I −295	Xe (+41)
Cs −45.4	Ba (+52)	Tl (−48.3)	Pb −101	Bi −101	Po (−174)	At (−270)	Rn (+41)

　　每一週期的 VII 族（鹵素）放熱為最大，因為該族在獲得一個電子後，即為 ns^2np^6 的全滿穩定狀態。而 VIII A 族（鈍氣）和 II A 族（鹼土金屬）的電子親和力為吸熱反應，表示其本身的電子組態已達相當穩定的狀態，VIII A 族為 ns^2np^6，II A 族為 ns^2，因此不易再加入一個電子，故其電子親和力呈吸熱現象。

　　在同一族的電子親和力值，其原子序越大者，有越大的趨勢，即放熱越小。例如鹵素（VII A 族）：

$$Cl_{(-348)} < F_{(-333)} < Br_{(-324)} < I_{(-295)} \qquad 單位：KJ\ mol^{-1}$$

　　其中氟(F)是因為原子半徑太小，不易容納一個電子，易造成電子間的斥力，因此其電子親和力比氯(Cl)小一點。

3-3 電子組態與週期表
(Electronic Configuration and Periodic Table)

　　價電子組態和元素週期表之間有密切的關係。所謂**價電子組態**(valence configuration)是指一個中性原子最外主層的電子組態。原子最外主層的電子稱為**價電子**(valence electron)，一個元素的價電子決定該元素的化學性質及價數。表 3-6 為第一到第三週期 A 族元素的價電子組態。很明顯的，週期表中填充電子的順序有一定的規律性存在。

表 3-6 第一到第三週期 A 族元素之價電子組態

週期＼族	I A	II A	III A	IV A	V A	VI A	VII A	VIII A
1	$_1$H $1s^1$							$_2$He $1s^2$
2	$_3$Li $2s^1$	$_4$Be $2s^2$	$_5$B $2s^22p^1$	$_6$C $2s^22p^2$	$_7$N $2s^22p^3$	$_8$O $2s^22p^4$	$_9$F $2s^22p^5$	$_{10}$Ne $2s^22p^6$
3	$_{11}$Na $3s^1$	$_{12}$Mg $3s^2$	$_{13}$Al $3s^23p^1$	$_{14}$Si $3s^23p^2$	$_{15}$P $3s^23p^3$	$_{16}$S $3s^23p^4$	$_{17}$Cl $3s^23p^5$	$_{18}$Ar $3s^23p^6$

　　由元素的價電子組態，發現其具有週期性，把價電子組態相似的元素放在同一行，我們可以發現按照價電子組態的排列剛好和週期表一致。

　　I A 族元素的價電子組態都是 ns^1 ($n=2\sim7$)，其化學活性十分活潑，很容易丟掉其 ns^1 這個價電子而形成安定的正 1 價陽離子。II A 族元素的價電子組態都是 ns^2 ($n=2\sim7$)，其化性亦活潑，僅次於 I A 族元素，也是很容易失去 ns^2 這兩個價電子，而形成和鈍氣相同電子組態的正 2 價陽離子。III A 族元素的價電子組態都是 ns^2np^1 ($n=2\sim6$)，不容易丟掉其 3 個價電子，故其化學活性較 I A 族及 II A 族元素不活潑。IV A 族元素的價電子組態為 ns^2np^2；V A 族為 ns^2np^3；VI A 族元素的價電子組態為 ns^2np^4，容易從外面吸收 2 個電子而成為負 2 價的陰離子。VII A 族元素的價電子組態為 ns^2np^5，非常容易自外面吸收 1 個電子而成為負 1 價的陰離子。VIII A 族元素為鈍氣，除了氦(He)只有 2 個電子，其價電子組態為 $1s^2$ 以外，其他的鈍氣元素的價電子組態都是 ns^2np^6 ($n=2\sim6$)，顯示其副層軌域都已經填滿了，也就是說它們都是有 8 個價電子，故其化學活性最為安定。

每一週期（除第 7 週期為不完全週期以外）都以鈍氣為結束。A 族元素其同族間的化學活性都很相似，特稱為**典型元素**(typical element)，或者**代表元素**(representative element)，除了氦(He)以外，其價電子總數即其族數。這其中還有一個例外，那就是氫(H)，其價電子組態最簡單為 $1s^1$，其化學、物理性質跟 I A 族元素迥然不同。

3-4 化學鍵
(Chemical Bond)

在自然界中有許多化合物是由兩種或兩種以上的原子以化學鍵化合而成。化學鍵(chemical bond)是原子形成分子時，存在於原子間的一種吸引力(attraction force)，可視為某原子核內質子和另一原子核外電子間的吸引力。

原子最外層電子軌域的電子組態是以惰性原子的電子組態（ $1s^2$ 或 ns^2p^6 ）最為穩定。因此，原子和原子互相鍵結時，常以電子的轉移或電子的共用方式，使其價電子組態成為穩定的惰性氣體的電子組態。如此，因**電子的轉移而形成的化學鍵稱為離子鍵**(ionic bond)，**而由電子的共用而形成的化學鍵則稱為共價鍵**(covalent bond)。大部分的分子，其化學鍵是介於這兩種極端鍵型之間，具有完全的離子鍵和完全的共價鍵的化合物不多，至於何種鍵型所占成分較多，則依該化合物內原子間的相對性質而定。另外還有一種較獨特的化學鍵，稱之為金屬鍵(metallic bond)。

在共價鍵分子中，某原子對共用電子對（鍵結電子）吸引力大小的比較量度，稱為電負度(electrongativity)。庖林(L. Pauling)按照化學鍵強度的大小導出電負度標，其中氟(F)原子對電子對的吸引力最強，其電負度訂為 4.0，所有其他元素的電負度為此標準值之相對比較值，如氧(O)為 3.5，氮(N)及氯(Cl)為 3.0，鈉(Na)原子對電子的吸引力相當的低，電負度 0.9，電負度最小的是銫(Cs)和鍅(Fr)，其值只有 0.7。其他的如銀(Ag)對電子的吸引力為中等，其電負度為 1.9。電負度數值越大表示此原子對鍵結電子的吸引力也越大。各元素的電負度值如表 3-7 所示。

表 3-7 元素電負度的週期關係

遞　增 →

遞減 ↓

1 H 2.1																
3 Li 1.0	4 Be 1.5											5 B 2.0	6 C 2.5	7 N 3.0	8 O 3.5	9 F 4.0
11 Na 0.9	12 Mg 1.2											13 Al 1.5	14 Si 1.8	15 P 2.1	16 S 2.5	17 Cl 3.0
19 K 0.8	20 Ca 1.0	21 Sc 1.3	22 Ti 1.5	23 V 1.6	24 Cr 1.6	25 Mn 1.5	26 Fe 1.8	27 Co 1.8	28 Ni 1.8	29 Cu 1.8	30 Zn 1.6	31 Ga 1.6	32 Ge 1.8	33 As 2.0	34 Se 2.4	35 Br 2.8
37 Rb 0.8	38 Sr 1.0	39 Y 1.2	40 Zr 1.4	41 Nb 1.6	42 Mo 1.8	43 Tc 1.5	44 Ru 2.2	45 Rh 2.2	46 Pd 2.2	47 Ag 2.4	48 Cd 1.7	49 In 1.7	50 Sn 1.8	51 Sb 1.9	52 Te 2.1	53 I 2.5
55 Cs 0.7	56 Ba 0.9	57 La 1.1	72 Hf 1.3	73 Ta 1.5	74 W 1.7	75 Re 1.9	76 Os 2.2	77 Ir 2.2	78 Pt 2.2	79 Au 2.4	80 Hg 1.9	81 Tl 1.8	82 Pb 1.8	83 Bi 1.9	84 Po 2.0	85 At 2.2
87 Fr 0.7	88 Ra 0.9	89 Ac 1.1														

越活潑的金屬，游離能越小，其電負度也越小，而越活潑的非金屬，游離能越大，其電負度也越大。在週期表中，越靠近左下角位置的元素，其電負度越小，越靠近右上角位置的元素，其電負度越大。過渡性元素的電負度幾乎都一樣。

假如有 A、B 兩個原子（A 的電負度小，B 的電負度大）以共價鍵結合時，共用電子對會較靠近電負度較大的原子（B 原子）。這兩個原子的電負度差額越大，其所結合成化合物的極性越大，甚至成為離子性化合物。反之，A 和 B 兩原子的電負度差額越小，其所結合的共價性越大。**兩原子的電負度差額達 1.7 時，其所結合的化合物大約有 50% 的離子性，若差額超過 2.1 時則形成 100% 離子性的化合物。** 由電負度的差額可以預測形成化學鍵的性質，一般可區分為 (1) 非極性共價鍵，(2) 極性共價鍵，(3) 離子鍵三種。

一、離子鍵(Ionic Bond)

金屬元素（如 I A 族，II A 族）和非金屬元素（如 VI 族，VII A 族）結合時，金屬原子失去電子成為帶正電荷的陽離子，而非金屬原子則獲得電子成為帶負電荷的陰離子，陽離子和陰離子之間的靜電吸引力稱為**離子鍵**。由離子鍵結合而成的化合物叫做**離子化合物**(ionic compound)。例如將

金屬鈉(Na)和氯氣(Cl₂)擺在一起，會起劇烈反應而形成氯化鈉（NaCl，即食鹽），其過程如圖 3-5 所示。

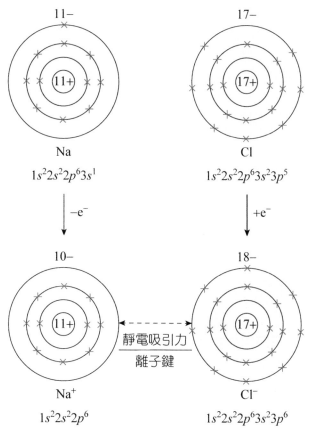

🧪 **圖 3-5**　Na 和 Cl 間離子鍵的形成

　　Na 原子的電子組態為 $1s^2 2s^2 2p^6 3s^1$，原子核內有 11 個質子，核外為第一層電子軌域有 2 個電子，第二層有 8 個電子，第三層只有 1 個電子。而 Cl 原子的電子組態為 $1s^2 2s^2 2p^6 3s^2 3p^5$，其原子核內有 17 個質子，核外第一層電子軌域有 2 個電子，第二層有 8 個電子，第三層有 7 個電子。當 Na 原子碰到 Cl 原子時，Na 原子最外層的那一個電子轉移到 Cl 原子的最外層軌域，使得 Na 原子變成帶+1 電荷的鈉離子(Na^+)，而氯原子因多了 1 個電子變成帶−1 電荷的氯離子(Cl^-)，這兩個離子，一個帶正電荷，一個帶負電荷，其間便產生了靜電吸引力，像這種**帶正電荷的陽離子和帶負電荷的陰離子之間的靜電吸引力稱為離子鍵**。Na^+的電子組態為 $1s^2 2s^2 2p^6$，而 Cl^-

的電子組態為 $1s^2 2s^2 2p^6 3s^2 3p^6$。Na^+和 Cl^-藉靜電吸引力（即離子鍵）結合而成的氯化鈉(NaCl)離子晶體，其為面心立方格子(face-centered cubic lattice)的晶體（如圖 3-6），晶體中每 1 個鈉離子(Na^+)的周圍有 6 個氯離子(Cl^-)包圍著，而每 1 個氯離子的周圍也有 6 個鈉離子包圍著。NaCl 離子晶體的熔點(800°C)很高，其熔化態或其水溶液，因有可移動的離子，故為電的良導體；但是固態時，因其離子不能自由移動而為電的不良導體。

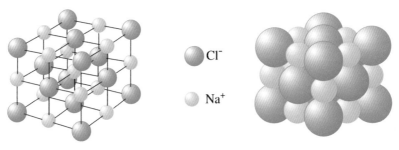

○ Cl⁻

○ Na⁺

🔵 **圖 3-6** 氯化鈉晶體結構

二、共價鍵(Covalent Bond)

共價鍵通常是以一條短線(－)表示一對共用電子，稱為**單鍵**(single bond)；用兩條短線(＝)表示兩對共用電子，稱為**雙鍵**(double bond)；用三條短線(≡)表示三對共用電子，稱為**參鍵**(triple bond)；而以箭號→表示由單方原子供給一對電子的**配位共價鍵**，相當於單鍵（若 A→B 表 A 出一對電子，而 B 不出電子）。今舉數例說明如表 3-8 所示，這樣表示的分子結構稱為<u>**路易士結構**</u>(Lewis structure)。

表 3-8 點電子式和鍵式的對照

點電子式	共價鍵式
H : H	H − H　(H$_2$)
$\ddot{\text{O}}$: : $\ddot{\text{O}}$	O = O　(O$_2$)
: N : : N :	N ≡ N　(N$_2$)
$\ddot{\text{O}}$: : C : : $\ddot{\text{O}}$	O = C = O　(CO$_2$)
H : $\ddot{\text{O}}$ 　　$\ddot{\text{O}}$ 　　　S H : $\ddot{\text{O}}$ 　　$\ddot{\text{O}}$	(H$_2$SO$_4$)
H　F H : N : B : F 　H　F	(見圖)

A. 共價鍵(Covalent Bond)

　　非金屬元素和非金屬元素互相結合時，沒有電子的轉移，而以兩原子共用最外層軌域上的電子，各自完成惰性氣體的電子組態而呈穩定分子，如此的原子結合方式稱為共價鍵。例如：2 個碘原子(I)可以共用一對電子而形成具有八隅體電子組態的碘分子(I$_2$)且呈穩定狀態。這種藉共用電子對而互相結合的鍵結即為共價鍵結，共價鍵是使兩個原子核能彼此吸引而互相結合在一起，並成為安定的分子中原子所共用的電子對，今以點電子方式來表示：

$$\ddot{\text{I}}\cdot \quad + \quad \cdot\ddot{\text{I}}: \quad \longrightarrow \quad \text{I} : \text{I}$$

$$5s^2 5p^5 \qquad\qquad 5s^2 5p^5 \qquad\qquad\qquad 共用電子對$$

　　非金屬中除氫(H)和氦(He)以外，都以形成八隅體組態而穩定，而氫和氦只要有 2 個電子即可填滿 $1s$ 之電子軌域而達穩定狀態，其餘之非金屬原子均以填滿 $ns^2 np^6$（n 代表最外層電子軌域的主量子數）才達穩定狀態。例如氫原子(H)和氟原子(F)化合時，這 2 個相異原子可藉共同一對電子（H 及 F 各提出 1 個電子共用）而互相結合，形成八隅體組態，而變成穩定的共價化合物，氟化氫(HF)分子，其反應式如下：

$$\text{H}\cdot \quad + \quad \cdot\ddot{\text{F}}: \quad \longrightarrow \quad \text{H} : \ddot{\text{F}}:$$

$$1s^1 \qquad\qquad 2s^2 2p^5 \qquad\qquad\qquad 共用電子對$$

$$\qquad\qquad\qquad\qquad\qquad\qquad\qquad\qquad 1s^1 \quad 2s^2 2p^6$$

　　兩個氫原子(H)亦可共用一對電子而結合成氫分子(H_2)，形成如同鈍氣氦(He)的電子組態($1s^2$)。

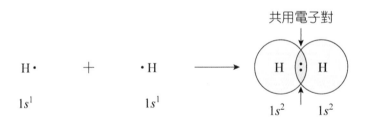

$$\text{H}\cdot \quad + \quad \cdot\text{H} \quad \longrightarrow \quad \text{H} : \text{H}$$

$$1s^1 \qquad\qquad 1s^1 \qquad\qquad\qquad 1s^2 \quad 1s^2$$

　　由共價鍵所形成的化合物稱為**共價化合物**。共價化合物可分為非極性和極性兩種。

1. **非極性共價化合物**：在氫分子(H_2)中參加鍵結的電子為兩個原子核所平均共有，價電子在兩原子核附近出現的機率完全相等，這種共價鍵為**非極性共價鍵**。由非極性共價鍵所形成的化合物稱為**非極性共價化合物**。又如 CO_2，CH_4，C_2H_2 等共價分子中，其電子分布十分對稱，也屬於非極性共價化合物。非極性共價化合物的通性為：在常溫為氣體或揮發性

液體，其熔點和沸點都很低，蒸氣壓較高，不易溶於水，但易溶於有機溶劑，液態時為電的不良導體。

2. **極性共價化合物**：在共價化合物中如鍵結原子對鍵結電子的吸引力（電負度）不同時，其構成化學鍵的鍵結電子會出現分布不均的現象，而使整個分子的正電荷中心和負電荷中心不一致，此類化合物就稱為**極性共價化合物**。如 H－F，H－Cl 等皆屬於此類。

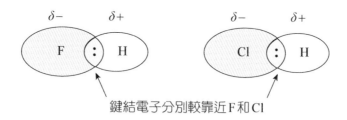

鍵結電子分別較靠近F和Cl

極性共價化合物有下列通性：在常溫（20°C 左右）時通常為液態或硬度極低的固體，如在常溫為氣態時極易液化。其沸點和熔點介於離子化合物和非極性共價化合物之間。易溶於極性溶劑中，如水(H_2O)。

B. 配位共價鍵(Coordinate Covalent Bond)

另外一型的共價鍵，其共用的電子對(electron pair)不是由雙方原子平均供給，而是僅由某一原子所供給，這種共價鍵稱為**配位共價鍵**，如 NH_3 和 BF_3 之間的結合即為配位共價鍵的結合。因 NH_3 中的氮原子(N)還有一對電子尚未結合（稱為獨立電子對），而 BF_3 中的硼原子(B)則有一空軌域，因此這兩個原子互相共用氮(N)所供給的電子對而形成配位共價鍵化合物($H_3N : BF_3$)，其反應式如下：

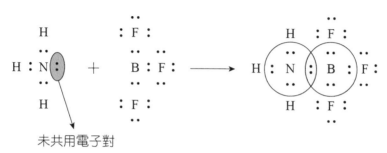

未共用電子對

NH₃ 和 H⁺之間互相結合生成 NH₄⁺亦然，由氮原子(N)供給一對電子和 H⁺的空軌域共用，而形成配位共價鍵，其反應如下：

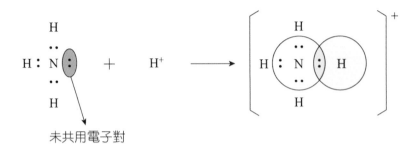

C. 共價固體(Covalent Solid)

碳(C)有兩種結晶形狀，金剛石和石墨，它們是以共價的網狀連結各個碳原子所形成的共價網狀固體，整個晶體形成一個大的分子。

但兩者的性質截然不同，其原因是金剛石是屬於三度空間的網狀固體，各碳原子分別提供 4 個共用電子與另外 4 個碳原子鍵結，其具有正四面體的鍵結，如此密集連成的網狀結構，碳原子與碳原子之間是以共價鍵結合而成的立體網狀晶體（如圖 3-7(a)），故其硬度是所有物質中最大的，穩定度極大，熔點高達 3,500°C 以上。而石墨是屬於二度空間的網狀固體（如圖 3-7(b)），它不像金剛石的立體結構，而是層狀結構。其中各碳原子以 3 個共用電子和鄰近的 3 個碳原子鍵結，其鍵角為 120°，每一平面碳層中的鍵結力很強（各碳原子間均以共價鍵結合），但每一鄰層之間僅以微弱的凡得瓦引力結合，故石墨晶體容易裂開，性質柔軟且滑潤。

此外如二氧化矽(SiO_2)所組成的三度空間網狀結晶的石英、水晶等和金剛石性質相似，硬度大，熔點高。

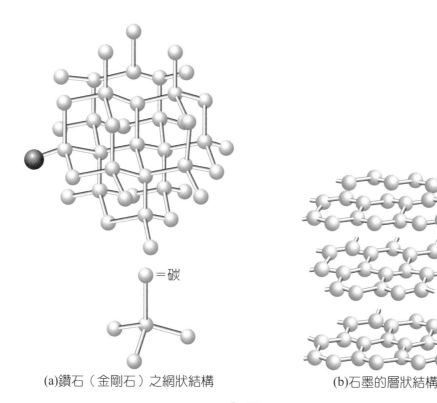

=碳

(a)鑽石（金剛石）之網狀結構　　　　(b)石墨的層狀結構

🔵 圖 3-7

三、金屬鍵(Metallic Bond)

金屬元素通常具有各種特殊的金屬光澤，為電和熱的良導體，並富有延展性，金屬之所以具有這些特性，乃因金屬原子間以一種特殊的金屬鍵連接之故。金屬元素的價電子的游離能通常很低，因此其價電子常游離出來，使金屬原子變成金屬陽離子，那些游離出來的自由電子(free electrons)可以在金屬陽離子之間自由游動，不會固定在某特定兩個原子之間，其價電子為所有的原子所共用。像這樣，**金屬陽離子和自由電子之間的靜電吸引力稱為金屬鍵**（如圖 3-8）。

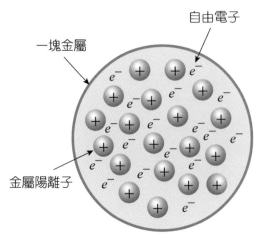

自由電子

一塊金屬

金屬陽離子

🔵 **圖 3-8** 金屬鍵的形成

　　由於金屬的價電子在整個金屬晶體中自由移動，如將導線接在金屬上，通入電流後，價電子即被陽極所吸引，而陰極上的電子即補充此價電子的空位，如此便形成電子的流動，故金屬可以導電。

　　金屬因具有自由運動的價電子，故容易傳熱。加熱金屬時，價電子獲得大量的動能，在金屬中迅速運動，把能量傳給其他部分，如此靠自由電子將熱量從金屬的一端傳到另一端。

　　高速運動的自由電子，可以任意地運轉於諸金屬陽離子之間，故所形成的金屬鍵沒有方向性，此與共價鍵不同（共價鍵具有固定的方向性）。因金屬鍵沒有方向性，故金屬固體受外力時，像可滑動的平面一樣，順著受力的方向而變形，在此過程中自由電子仍維繫這兩個平面而不致破壞金屬鍵，因此金屬具有延展性。而離子固體受到外力時會產生變形，因靜電的排斥力而使其破碎和分離，故離子固體沒有延展性，一般都很硬而且脆。如圖 3-9 為金屬固體和離子固體受到外力時所產生的變化比較。

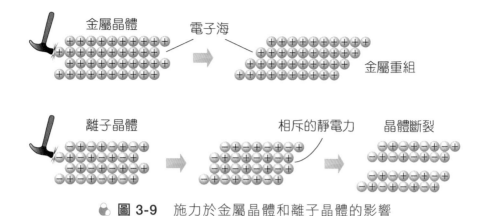

● 圖 3-9　施力於金屬晶體和離子晶體的影響

　　又因金屬原子之空軌域的能階和可見光的能階相近，故可以吸收或放射與可見光能階相當的輻射能而顯出特殊的金屬光澤。

　　金屬陽離子之間結合力的大小是依其自由電子的多寡而定，若自由電子越多則其結合力越強，即形成的金屬鍵越強，故其熔點越高。金屬的性質可由其價電子的數目來決定。I A 族元素（如 Na）的金屬只有 1 個價電子，金屬內的自由電子數目較少，所形成的金屬鍵較弱，故 I A 族金屬通常很軟（可用小刀來切割鈉金屬），密度不大，其熔點極低（除 Li 為 180°C 以外，其餘都低於 100°C），其游離能也很低，故很活潑，容易形成正 1 價金屬陽離子(M^+)。II A 族元素（如 Mg）金屬有 2 個價電子，其所形成的金屬鍵較 I A 族強，故其熔點比 I A 族高，密度也比 I A 族大。過渡元素金屬的自由電子更多，通常其固體很硬而熔點甚高（如鎢(W)的熔點高達 3,382°C），密度也很大（如鎢的密度為 19.36 g/c.c.）。

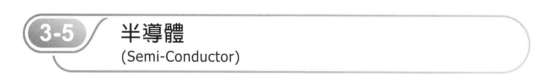

3-5　半導體
(Semi-Conductor)

　　矽(Si)和鍺(Ge)等元素的某些性質介於金屬和非金屬之間。純矽和純鍺的晶體結構類似金剛石（如圖 3-10），每 1 個原子和周圍的 4 個原子以共價鍵互相結合，每一共價鍵共用一對電子。共價鍵的電子都限制在固定區域內，不能自由移動，故不能導電。

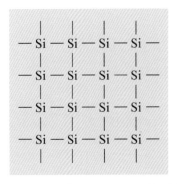 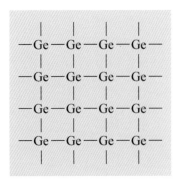

● 圖 3-10　純矽晶體和純鍺晶體的鍵結

　　純矽晶體或純鍺晶體在**低溫時不能導電**，但加熱至高溫則可以導電，**具有這種特性的物質稱為半導體**。在高溫時，這些晶體內會有部分鍵結斷裂，有的電子提升至較高能階的激發軌域，則原先這些被激發電子所在的能階會空下來，而形成 "電洞(hole)"，如圖 3-11 所示，在 2 個 Si 原子之間形成一個 "電洞"，若施以電壓，附近電子很容易轉移入此 "電洞"，而電子所離開的位置，又形成一個新的 "電洞"，如此反覆行之，電子向 "電洞" 的方向游動時，在其反方向則一直不斷形成 "新電洞"，於是產生一股電子流。

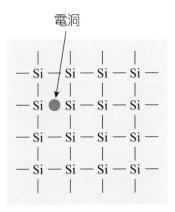

● 圖 3-11　高溫時，矽晶體會形成 "電洞"

　　假如在純矽或純鍺晶體中加入約一千萬分之一的微量雜質（如具有 5 個價電子的 As 或具有 3 個價電子的 B）時，所形成的**雜質型半導體**，其室溫時的導電度為純矽晶體或純鍺晶體的十萬倍。

　　如圖 3-12，在純矽晶體中雜有微量的砷原子（As 具有 5 個價電子），As 原子的 5 個價電子和鄰近的 4 個矽原子形成 4 個共價鍵外還多了 1 個電子，這個額外的電子可以在整個晶體結構中游動並使之帶負電荷，這種半導體稱為 **N 型半導體**，在常溫時就可以導電，其中 N 代表負電荷(negative charge)。

　　如圖 3-13，在純矽晶體中加入微量的硼原子（B 具有 3 個價電子），B 的價電子比 Si 少 1 個，故 B 和 Si 要形成 4 個共價鍵時，會缺少 1 個電子而形成 1 個荷正電的 "電洞"，鄰近電子會補充此 "電洞" 而產生 "新電洞"，如此由於 "電洞" 的移動而可以導電，這種半導體稱為 **P 型半導體**，其中 P 代表正電荷(positive charge)。

多 1 個可移動電子　　　　　　　　　　　　　電洞

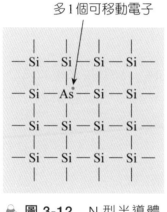 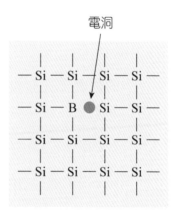

　圖 3-12　N 型半導體　　　　　　圖 3-13　P 型半導體

　　將 N 型半導體和 P 型半導體結合，可以形成各種性質的電子零組件，如 P－N 接合體為一兩極體可作整流器，兩個 P－N 接合體可製雙極電晶體，3 個或 4 個 P－N 接合體可作控制性的整流器，P－N－P 接合體或 N－P－N 接合體則有放大電流的作用。半導體製成的電子零組件，不但體積小而且不須預熱，使用起來非常方便。目前半導體幾乎完全取代了真空管而廣泛應用於電子工業。

3-6 氫 鍵
(Hydrogen Bond)

電負度較大的元素；F(4.0)、O(3.5)和 N(3.0)，其氫化物 HF，H_2O 和 NH_3，分子和分子之間有不尋常的較強吸引力存在。它們的密度、熔點、沸點都比同族其他元素的氫化物還要大，如圖 3-14 所示。

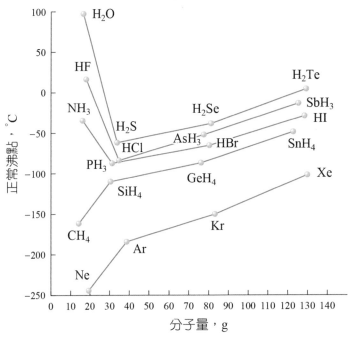

🔵 圖 3-14　各種氫化合物沸點的比較

如 $\overset{\delta+}{H}-\overset{\delta-}{F}\cdots\overset{\delta+}{H}-\overset{\delta-}{F}$ 中，H 的電負度為 2.1，F 的電負度為 4.0，其電負度的差額為 1.9，故 HF 其有 50%以上的離子性，其 H 原子正電性較強，而 F 的負電性較強，故一個 HF 分子中的 F 和鄰近的 HF 分子中的 H 之間可以產生一種相當強的靜電吸引力，這種分子和分子之間的靜電吸引力稱為**氫鍵**。一般以虛線(……)代表**氫鍵**。

因為水中有氫鍵（如圖 3-15），所以水結成冰時，體積會膨脹。在冰的晶體結構之中（如圖 3-16），因有氫鍵的影響，其中有若干空隙，故冰的體積大，密度小，會浮在水面上，如在南極的冰山，約有 1/10 露出海面，9/10 藏在海面下。

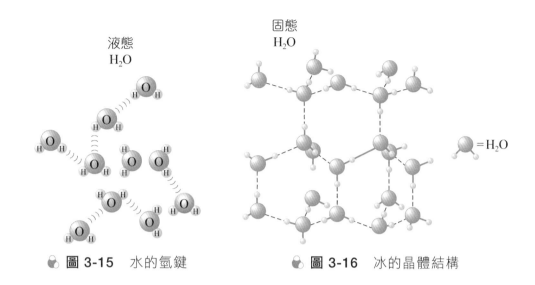

液態
H_2O

固態
H_2O

$\bigcirc = H_2O$

🔵 **圖 3-15** 水的氫鍵　　　　🔵 **圖 3-16** 冰的晶體結構

　　生物體內的重要物質，如蛋白質的 α-螺旋體結構和 DNA 的雙螺旋體結構，主要的是依靠氫鍵來維繫，若加熱時，氫鍵遭破壞，則蛋白質和 DNA 的構造也就遭破壞而變性了。故氫鍵的存在對生物體（包括人體）是十分重要的。

 學習評量

1. 試解釋下列名詞：
   (1) 庖立不相容原理　(2) 奧夫堡原則　(3) 窐德定則　(4) 游離能。

2. 試寫出下列各原子的電子組態：
   (1) $_{11}Na$　(2) $_{17}Cl$　(3) $_9F$　(4) $_{14}Si$。

3. 試寫出下列各離子的電子組態：
   (1) $_{19}K^+$　(2) $_{16}S^{2-}$　(3) $_{20}Ca^{2+}$　(4) $_8O^{2-}$。

4. 試寫出下列各電子組態（僅列出其最外層）所代表的原子：
   (1) $3s^2 3p^2$　(2) $2s^2 2p^5$　(3) $3s^2 3p^5$　(4) $3s^2 3p^6$。

5. 試比較下列原子或離子的游離能大小：
   (1) Be、Mg、Ca　(2) Mg、Na、Ne　(3) Na^+、F、Cl　(4) C、O、F。

6. 化學鍵的種類有哪些？

7. N 型半導體和 P 型半導體有何不同？

8. 下列成對的元素中，哪些可形成離子化合物？
   (1)鋰和氯　(2)氧和氯　(3)鉀和氧　(4)鈉和氖　(5)鈉和鎂。

9. 下列物質，哪些為共價化合物？哪些為離子化合物？
   (1) NaCl　(2) $SiCl_4$　(3) CCl_4　(4) KI　(5) H_2O　(6) PCl_3
   (7) MgO　(8) $CaCl_2$。

10. 下列化合物，哪些存在分子間氫鍵？
   (1) CH_3CH_2OH　(2) HI　(3) LiH　(4) NH_3　(5) H_2O
   (6) HF　(7) NO_2　(8) H_2。

11. 試依下列各分子的極性，排列出其大小順序：
   (1) HI　(2) HCl　(3) HBr　(4) HF。

12. 試依下列各分子的沸點，排列出其高低順序：

(1) CH_4　CCl_4　CH_2Cl_2　$CHCl_3$　(2) O_2　$NaCl$　H_2O　CCl_4

(3) HF　HCl　HBr　HI　(4) H_2O　H_2S　H_2Se　H_2Te。

13. 乙醇(C_2H_5OH)和甲醚(CH_3OCH_3)為同分異構物，何者沸點較高？試說明其原因。

14. 寫出下列各物質的鍵結形式：

(1)矽(Si)　(2)水(H_2O)　(3)甲烷(CH_4)　(4) Al　(5) $CaCl_2$　(6) KCl

(7) HCN　(8) $AgCl$　(9) SO_2　(10) Cu。

CHAPTER

04 氣體

 氣體的一般性質
(General Properties of Gases)

所有的氣體都具有下列特性：

一、壓縮性

由於氣體分子之間距離很大，有足夠的空間可以被壓縮。對氣體增大壓力，則其體積會縮小。比如我們可以用唧筒將空氣打入汽車、機車或腳踏車的輪胎內。

二、膨脹性

在常溫或高溫時，由於每個氣體分子均具有甚高的運動速度得以向四面八方做直線運動，所以任何氣體可以無限制的膨脹，直到均勻的充滿整個容器，故一定量的氣體即無一定形狀，又無一定體積。

三、受溫度的影響

由於加熱會增加氣體分子的動能，故所有的氣體在加熱時，其體積會膨脹，而在冷卻時，其體積會收縮。若對裝在鋼瓶內的氣體加熱，鋼瓶內壁承受的壓力增加。

四、擴散性

在室內滴一滴香水，蒸發後，其香味可充滿整個房間。由此現象可推知，一種氣體可以擴散到其他氣體之間，這是由於氣體分子間相互碰撞所引起。

五、液　化

增加壓力，縮短氣體分子間的距離，同時降低溫度，減小氣體分子的動能，達到相當程度的高壓低溫後，則氣體分子彼此之間會凝聚成液態，其體積可縮小一萬倍以上。例如：潛水夫身上揹的氧氣筒裡面所裝的就是液態空氣。

4-2 波以耳定律
(Boyle's Law)

1662 年，英國科學家波以耳(R. Boyle)由實驗發現：在一定溫度之下，一定量氣體的體積和壓力成反比，若壓力加倍則體積減半；反之，壓力減半則體積加倍。此之謂**波以耳定律**。以數學式表示為：

$$V \propto \frac{1}{P} \ , \ V = K \cdot \frac{1}{P}$$
$$\therefore \quad P \times V = K \ （K 是常數）$$

此公式又可延伸為下列更有實用價值的公式：

$$\because \quad P_1 \times V_1 = K \ , \ P_2 \times V_2 = K$$
$$\therefore \quad P_1 \times V_1 = P_2 \times V_2$$

在式中 P_1，P_2 的單位要一致（mmHg 或 atm），V_1，V_2 的單位要一致（mL 或 L）。

在定溫下，1 atm 時量筒內的空氣體積為 18 mL，若將右邊容器之水位升高，使量筒內氣體所受的壓力增加為 1.45 atm，此時體積為 12.4 mL。

依照上述方法可測定出定量氣體在定溫下，不同壓力時的體積，其數據如表 4-1 及圖 4-1 所示，其結果得知：在定溫下，定量氣體之體積和壓力的乘積為一個常數。

表 4-1 波以耳空氣壓力體積表

體積 V (mL)	壓力 P (atm)	$PV = K$
36.0	0.50	18.0
30.0	0.61	18.3
24.4	0.75	18.3
18.0	1.00	18.0
15.0	1.20	18.0
12.5	1.45	18.1
11.0	1.65	18.2

表 4-1　波以耳空氣壓力體積表（續）

體積 V (mL)	壓力 P (atm)	$PV = K$
9.0	2.00	18.0
7.8	2.30	17.9
6.7	2.70	18.1
6.0	3.00	18.0

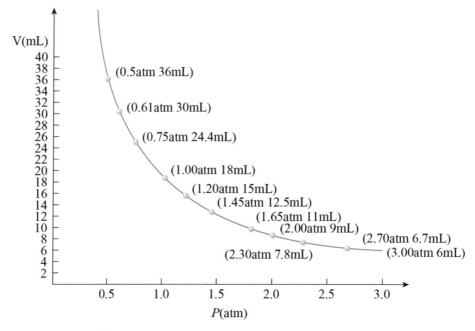

圖 4-1　溫度不變下，壓力與體積之關係

例題 4-1

在 640 mmHg 壓力下收集氣體，其體積為 380 mL，若溫度不變，壓力增加至 760 mmHg 時，其體積為若干？

解　∵　$P_1 V_1 = P_2 V_2$

　　　$640 \times 380 = 760 \times V_2$

　　∴　$V_2 = \dfrac{640 \times 380}{760} = 320$ (mL)

4-3 查理定律
(Charles's Law)

1787 年，法國科學家查理(J. Charles)由實驗發現，在一定壓力之下，氣體的體積和絕對溫度成正比。

$$V \propto T$$
$$\frac{V}{T} = K \text{（} K \text{ 是常數）}$$

其一般式為 $\dfrac{V_1}{V_2} = \dfrac{T_1}{T_2}$　或　$\dfrac{V_1}{T_1} = \dfrac{V_2}{T_2}$

以一定量的氣體，測定其體積隨溫度改變的情形，如表 4-2 所示。

表 4-2 氣體體積隨溫度變化而改變的實驗結果

溫度(°C)	體積(mL)
273	200
200	173
150	155
100	137
50	118
0	100
−50	82
−100	63
−150	45

圖 4-2 是依據表 4-2 的數據，所畫出一定量氣體體積和溫度的相關曲線。

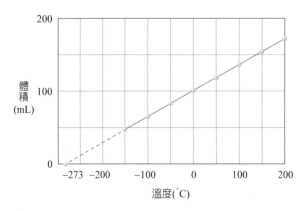

🔵 **圖 4-2** 一定量氣體的體積與溫度的關係

由圖中，已知數據可畫成一直線（實線），將此實線利用外插法（虛線）與溫標相交於 $-273°C$，亦即理論上，所有的氣體在 $-273°C$ 時，其體積為0，此溫度稱之為**絕對零度**(0K)。K是首先提出絕對溫度的科學家<u>凱文</u>(Kelvin)名字的第1個字母。

使用 $\dfrac{V_1}{V_2} = \dfrac{T_1}{T_2}$ 的公式時，V_1 及 V_2 的單位要一致（ L 或 mL ），溫度則需使用絕對溫度。絕對溫度和攝氏的關係如下：

$$K = °C + 273$$

🧪 **例題** 4-2

定壓下，某定量氣體，50°C 時的體積為 500 mL，請問 200°C 時的體積是多少？

🔵 $T_1 = 50 + 273 = 323K$ ； $T_2 = 200 + 273 = 473K$

代入 　$\dfrac{V_1}{V_2} = \dfrac{T_1}{T_2}$

　　　$\dfrac{500}{V_2} = \dfrac{323}{473}$

　　　$323 \times V_2 = 500 \times 473$

∴　　　$V_2 = 732.2$ (mL)

例 題 4-3

2 atm 的定壓下，10°C 的 CO_2 占體積 17 L，請問在何溫度下，其體積變成 71 L？

解 $T_1 = 10 + 273 = 283K$；$T_2 = ? K$

代入 $\dfrac{V_1}{V_2} = \dfrac{T_1}{T_2}$

$$\dfrac{17}{71} = \dfrac{283}{T_2}$$

$$17 \times T_2 = 71 \times 283$$

$$\therefore \quad T_2 = 1,182K$$

4-4　給呂薩克定律
(Gay-Lussac's Law)

　　假設我們能夠看得到氣體分子，當溫度上升時，我們會察覺到氣體分子的移動速率變快，導致撞擊容器側邊的頻率變得更頻繁，力量更大。所謂給呂薩克定律(Gay-Lussac's Law)就是氣體的壓力與其凱氏溫度成正比。當氣體體積和量均無變化時，則升高氣體的溫度會造成其壓力增大，降低氣體的溫度會使壓力減小。

$$\dfrac{P_1}{P_2} = \dfrac{T_1}{T_2}$$

　　所有氣體定律計算所使用的溫度，都必須轉換成凱氏溫度(K)。

例 題 4-4

氧氣鋼瓶在 25°C 的室溫下，其壓力為 120 atm。在氣體的量與體積未改變時，如果房屋內的火災造成氧氣鋼瓶內部氣體的溫度達到 323°C，則其壓力為多少大氣壓?若此鋼瓶內部壓力超過 180 atm 時會爆炸，你認為它會爆炸？

解 $\dfrac{P_1}{P_2}=\dfrac{T_1}{T_2}$ ； $T_1=25^\circ C+273=298K$ ； $T_2=323^\circ C+273=596K$

$\dfrac{120}{P_2}=\dfrac{298}{596}$ ； $P_2=\dfrac{120\times596}{298}=240$ atm

計算後氣體之壓力等於 240 atm，超過了壓力上限 180 atm，故此氧氣鋼瓶會爆炸。

4-5 聯合氣體定律
(The Combined Gas Law)

氣體的量（莫耳數）未改變時，描述氣體壓力、體積和絕對溫度的關係式，稱為聯合氣體定律。也就是定量氣體之壓力與體積的乘積和絕對溫度成正比。

n 一定時，$\dfrac{P_1V_1}{P_2V_2}=\dfrac{T_1}{T_2}$

例題 4-5

在壓力為 4 atm 及溫度為 11℃時，由潛水人員的氧氣桶內釋出一個 25 ml 的氣泡，假設氣泡內氣體的量沒有改變，試問在此氣泡到達壓力為 1 atm 及溫度為 18℃ 的海平面之際，其體積為多少毫升？

解 $T_1=11^\circ C+273=284K$ ； $T_2=18^\circ C+273=291K$

$\dfrac{P_1V_1}{P_2V_2}=\dfrac{T_1}{T_2}$ ； $\dfrac{4\times25}{1\times V_2}=\dfrac{284}{291}$

$V_2=\dfrac{4\times25\times291}{284\times1}=102.5$ ml

4-6 亞佛加厥定律
(Avogadro's Law)

　　當我們對一個氣球吹氣時，體積之所以會增大，是因為我們加入了更多的空氣分子。若在氣球上有一個破洞，部分的空氣便會洩漏出來，故其體積會減小。在 1811 年義大利化學家亞佛加厥提出：當溫度及壓力沒有改變時，氣體的體積與莫耳數成正比。

亞佛加厥定律：$\dfrac{V_1}{V_2}=\dfrac{n_1}{n_2}$

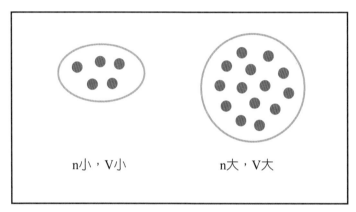

　　　　　　n小，V小　　　　　　　　n大，V大

🔵 圖 4-3　亞佛加厥定律

 例 題 4-6

　　一個體積為 22 公升氣球內，裝著 2 莫耳的氦氣。假如再加入 3 莫耳的氦氣，使氦氣的總量為 5 莫耳。假設壓力和溫度沒有改變，試問此氣體的體最後會膨脹至多少公升？

🔵 解　$\dfrac{V_1}{V_2}=\dfrac{n_1}{n_2}$；$\dfrac{2}{V_2}=\dfrac{2}{5}$；$V_2=\dfrac{22\times5}{2}=55$ 公升

理想氣體定律
(The Ideal Gas Law)

　　亞佛加厥定律(Avogadro's law)是義大利化學家<u>亞佛加厥</u>於 1811 年提出的一項假說，當時稱為「亞佛加厥假說」，後經大量實驗證實為定律。亞佛加厥定律的內容是：**在相同的溫度和壓力下，等體積的任何氣體都含有相同數目的分子**。因為氣體的體積(V)和其莫耳數(n)成正比，即：

$$V \propto n$$

再依照上述<u>波以耳</u>定律及<u>查理</u>定律

$$V \propto \frac{T}{P}$$

$$V \propto n\left(\frac{T}{P}\right)$$

$$V = R \cdot \frac{nT}{P} \quad （R 為氣體常數）$$

$$\therefore \quad PV = nRT$$

　　$PV = nRT$ 稱為**理想氣體方程式**(ideal gas equation)。由實驗證明比例常數 R 對所有氣體均為相同之值，因此稱 R 為**氣體常數**(gas constant)，是一個很重要的氣體通用常數。R 值視 P、V、T 的單位而定。因 1 mole 的任何氣體在 S.T.P.（標準狀況 0°C，1 atm）下均占有 22.4 L 的體積，將這些數據代入 $PV = nRT$ 可求出 R 值。

$$R = \frac{PV}{nT} = \frac{(1atm) \times (22.4L)}{(1mole) \times (273K)}$$

$$= 0.082 \, (atm \cdot L/mole \cdot K)$$

　　$R = 0.082$ 是最常用的氣體常數，使用時要注意 P 須以大氣壓(atm)為單位，V 以升(L)為單位(1 L = 1,000 mL)，T 以絕對溫度(K)為單位（$T = t + 273$，t 代表攝氏溫度°C）。

因 n 代表莫耳數(mole)，$n = \dfrac{W}{M}$ （W 表氣體重量，M 表氣體分子量），故 $PV = nRT$ 可改寫為 $PV = \dfrac{W}{M}RT$

$PV = \dfrac{W}{M}RT$ 是更具有實用價值的方程式，可用來求氣體的分子量。

能符合 $PV = \dfrac{W}{M}RT$ 方程式的氣體，稱之為**理想氣體**(ideal gas)，一般的氣體稱之為**實際氣體**(real gas)。事實上，沒有一個氣體可以稱為百分之百的理想氣體，因為理想氣體的假設條件是：(1)氣體分子本身沒有體積，(2)氣體分子之間沒有任何作用力。不過在(1)溫度越高，(2)壓力越低的條件下，則氣體越接近理想氣體。

例題 4-7

試求 16g CO_2 在 S.T.P.下的體積？

解 $M = 12 + (16 \times 2) = 44$

代入　$PV = \dfrac{W}{M}RT$

$$1 \times V = \dfrac{16}{44} \times 0.082 \times (0 + 273)$$

∴　　$V = 8.14$ (L)

例題 4-8

試求 10L H_2 在 25°C 及 1atm 時的重量。

解 $M = 1 \times 2 = 2$

代入　$PV = \dfrac{W}{M}RT$

$$1 \times 10 = \frac{W}{2} \times 0.082 \times (25 + 273) \qquad W = \frac{10 \times 2}{0.082 \times 298}$$

$$\therefore \quad W = 0.82 \text{ (g)}$$

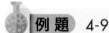 **例 題** 4-9

在 765 mmHg 及 18°C 時，2,580 mL 的某氣體重 4.8g，試求其分子量。

解 代入 $PV = \dfrac{W}{M}RT$

$$\frac{765}{760} \times \frac{2,580}{1,000} = \frac{4.8}{M} \times 0.082 \times (18 + 273)$$

$$M = \frac{760 \times 1,000 \times 4.8 \times 0.082 \times 291}{765 \times 2,580}$$

$$\therefore \quad M = 44.1 \text{ (g/mole)} \text{（可能是 } CO_2 \text{）}$$

4-8 氣體密度的測定
(The Measurement of Density in Gas)

對於氣體密度的測定，亦可利用理想氣體定律加以估計。理想氣體定律為：

$$PV = nRT$$

其中莫耳數$(n) = \dfrac{W}{M}$（W：氣體質量，M：氣體分子量）

代入上式，即得：

$$PV = \frac{W}{M}RT$$

上式亦可改寫為：

$$PM = \frac{W}{V}RT$$

$$\therefore \quad PM = DRT \quad （\because 密度 \quad D = \frac{W}{V}，單位為 g/L）$$

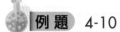 **例 題** 4-10

某氣體在–20°C 及 2.35 atm 時的密度為 3.17 g/L，求其分子量。

解 代入　$PM = DRT$

$$2.35 \times M = 3.17 \times 0.082 \times (-20 + 273)$$

$$M = \frac{3.17 \times 0.082 \times 253}{2.35}$$

$$\therefore \quad M = 28 \ (g/mole)$$

例 題 4-11

某氣體的分子量為 16，試求在–10°C 及 1.5 atm 時的密度為何？

解 代入　$PM = DRT$

$$1.5 \times 16 = D \times 0.082 \times (-10 + 273)$$

$$D = \frac{2.35 \times 28}{0.082 \times 253}$$

$$\therefore \quad D = 1.1 \ (g/L)$$

例 題 4-12

試求甲烷(CH_4)在 28°C 及 1.3 atm 時的密度。

解 代入　$PM = DRT$

$$M = 12 + (1 \times 4) = 16$$

$$1.3 \times 16 = D \times 0.082 \times (28 + 273)$$

$$D = \frac{1.3 \times 16}{0.082 \times 301}$$

$\therefore$　$D = 0.84$ (g/L)

 例 題 4-13

試求氧氣(O_2)在 S.T.P.時的密度。

解 代入　$PM = DRT$

$$M = 16 \times 2 = 32$$

$$1 \times 32 = D \times 0.082 \times 273$$

$$D = \frac{1 \times 32}{0.082 \times 273}$$

$\therefore$　$D = 1.43$ (g/L)

4-9　道耳吞分壓定律
(Dalton's Law of Partial Pressure)

　　1803 年，道耳吞(J. Dalton)提出**氣體分壓定律**：定溫下，混合氣體（彼此不起化學作用）在定體積內之總壓，等於各成分氣體單獨占有相同體積時個別壓力（即分壓）的總和。以公式表示如下：

$$P_T = P_1 + P_2 + P_3 + \cdots\cdots$$

P_T 代表總壓，P_1，P_2，P_3……代表各氣體分壓。由於氣體分子和分子間的距離很大，混合不同氣體時，各個氣體都具有一部分壓力，這分壓相當於該氣體獨占此容器時的壓力。

如圖 4-3(a)所示，在 25°C 時，在左方 1 L 容器內，充入 0.005 莫耳的空氣，其壓力為 93 mmHg，右方 1 L 容器內則充入 0.0011 莫耳水蒸氣，其壓力為 20 mmHg。在同溫之下，將此 2 種氣體混合在 1 L 的容器內，如圖 4-3(b)所示，測得其混合總壓為 113 mmHg，恰等於兩氣體分壓之和。

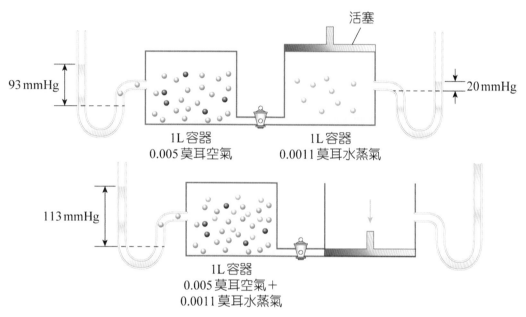

🔵 **圖 4-4** 混合氣體壓力之測定實驗（ ●氧氣， 氮氣， ●水蒸氣）

假如現在有三種氣體的混合物，其莫耳數分別為 n_1 莫耳，n_2 莫耳及 n_3 莫耳。設總體積為 V，溫度為 T，三種氣體視為理想氣體，依理想氣體方程式，可求得其分壓：

$$P_1 = \frac{n_1 RT}{V}$$

例 題 4-14

3g H_2，10g O_2 及 35g CO_2，在 25°C 時共同裝入 15L 的容器中，求(1)各氣體分壓，(2)容器所承受的總壓力。

解 (1) 代入　$PV = \dfrac{W}{M}RT$

$$P_{H_2} \times 15 = \frac{3}{2} \times 0.082 \times (25 + 273)$$

$\therefore \quad P_{H_2} = 2.44 \text{ (atm)}$

$$P_{O_2} \times 15 = \frac{10}{32} \times 0.082 \times (25 + 273)$$

$\therefore \quad P_{O_2} = 0.51 \text{(atm)}$

$$P_{CO_2} \times 15 = \frac{35}{44} \times 0.082 \times (25 + 273)$$

$\therefore \quad P_{CO_2} = 1.30 \text{ (atm)}$

(2) $P_T = P_{H_2} + P_{O_2} + P_{CO_2}$

$\quad = 2.44 + 0.51 + 1.30$

$\quad = 4.25 \text{ (atm)}$

學習評量

1. 實際氣體在什麼狀況下會比較接近理想氣體。

2. 試說明下列各項氣體現象：

   (1) 氣泡從游泳池底部上升，越接近水面，其體積越大。

   (2) 由口所吹成的氣球在空氣中會下降，但氫氣球卻會上升。

   (3) 穿著濕的衣服，遇微風吹過時會覺得有涼意。

   (4) 密封包裝的洋芋片拿到高山上，為何比較大包？

   (5) 熱氣球會飄上空中。

   (6) 有人在教室吃泡麵，大家都聞到了！

   (7) 壓力鍋的原理為何？

   (8) 在高山上煮食物為何較不易煮熟？

3. 在醫院的呼吸設備裡，一瓶 12 公升經壓縮的氧氣鋼瓶，其壓力表上的讀數為 4,500 mmHg。在定溫下，當壓力為 750 mmHg 時，則由鋼瓶釋出之氧氣有多少公升？

4. 100 L 的氫氣筒，其壓力為 2 atm，在室壓為 745 mmHg 下，可吹出幾個 600 mL 的氣球？

5. 定量氣體在 500 mmHg 壓力時的體積為 600 mL，同溫下，試求其在 1 atm 時的體積？

6. 氣球在 10°C 時的體積為 5L，在相同壓力下，溫度上升為 100°C 時，此氣體的體積為何？

7. 某登山者在溫度為 –8°C 時，吸入 480 mL 的空氣，假如登山者的體溫是 37°C，則其肺臟內的空氣所占體積為何？

8. 氫氣鋼瓶在 12°C 時，其壓力為 1.4 atm。若氣體的體積及量均未改變，當此氣體被加熱至 35°C，則其壓力為多少大氣壓？

9. 在溫度為 25°C 及壓力 685 mmHg 時，將 15 公升的氦氣注入一個氣象氣球內，假設 He 的量不變，當此氣球位於較高的大氣層中，溫度變為 -35°C 且體積變為 34 公升時，試問此氣球內部氦氣的壓力為多少 mmHg？

10. 有一個 124 毫升的熱氣泡,從 212℃ 及 1.8 atm 的活火山內跑出。假設氣體的量保持不變,當此氣泡到達火山的外部,其體積為 138 ml 及壓力為 0.8 atm,則此時之溫度為何?

11. 某樣品含有 1.5 莫耳的氖氣,最初的體積為 8 公升,在壓力和溫度未改變時,(1)加入 3.5 莫耳的氖氣(2)某個裂縫造成一半的氖氣跑掉,則最終體積變為多少公升?

12. 某揮發性液體 0.5g 在 718 mmHg 時,加熱至 77°C 時可得 330 mL 的蒸氣,試求其分子量?

13. 2 莫耳的某理想氣體在 27℃,1 atm 時之體積有多少公升?

14. 10.0 克的二氧化碳(CO_2)氣體,在 27°C 和 2.00 atm 時所占的體積為多少?(C = 12;O = 16)

15. 試求在 27°C 和 1 atm 時氮氣(N_2)之密度為何?(N = 14)

16. 在 STP 時,某氣體密度為 2.27g/L,則此氣體的分子量為何?

17. 試求氯氣(Cl_2)在 28°C 及 1.3atm 時的密度。(Cl 的原子量為 35.5)

18. 某氣體在 50°C 和 0.95 atm 時的密度為 1.5g/L,求該氣體的分子量。

19. 500 mL 的真空容器中,在同溫下裝入 250 mmHg、200 mL 的 O_2,300 mmHg、250 mL 的 H_2 和 600 mmHg、100 mL 的 CO_2,試求:
    (1) 各成分氣體的分壓。
    (2) 混合氣體的總壓。

20. 下圖為三個分別裝有相同理想氣體的定容器,開始時各活栓關閉,各容器內的氣體體積及壓力如圖所示。定溫下,將各活栓打開,當容器內氣體達到平衡後,若忽略各活栓的體積,則容器內的壓力應變為多少大氣壓(atm)?

3.00 atm   4.00 atm   5.00 atm
3.00 L   4.00 L   5.00 L

CHAPTER 05 溶 液

　　溶液在生命的許多過程中擔負了很重要的任務，例如植物由根部吸收養分是以水溶液方式輸送至各部分以供利用，人體內新陳代謝的各種生化反應也是在水溶液中進行，而海洋更是一個巨大的水溶液，其中含有從地殼萃取出來的各種礦物質。

5-1 溶液的種類
(Types of Solution)

　　由兩種或兩種以上的純物質均勻混合成一個**單相**(single phase)，這種均勻的混合物質稱之為**溶液**(solution)，而均勻混合的過程稱為**溶解**。溶液至少由兩種以上的物質混合而成，其中用以溶解其他物質的液體稱為**溶劑**(solvent)，而被溶劑所溶解的物質稱為**溶質**(solute)。當氣體或固體溶於液體中，則以氣體或固體為溶質，液體為溶劑，而當兩種液體（如 H_2O 與 C_2H_5OH）互溶時，則一般以量多的為溶劑，量少的為溶質。

　　溶液可依其形態分成**氣態溶液**、**液態溶液**和**固態溶液**三種，分類如表 5-1 所示。溶液依溶劑分類分成水溶液與非水溶液，水溶液常簡記為(aq)。若以溶液的導電性來區分，則溶液可分為電解質溶液（如食鹽水），與非電解質溶液（如糖水）兩種。

表 5-1 溶液的分類

溶液的物理狀態	純物質的物理狀態	實例
氣態溶液（一般稱混合氣體）	氣體溶於氣體	空氣，任何氣體的混合物
	液體溶於氣體	雲，霧
	固體溶於氣體	煙，綠色煙幕，碘於氮
液態溶液（簡稱溶液）	氣體溶於液體	氨水，鹽酸，汽水，氯水
	液體溶於液體	酒，溴溶於四氯化碳
	固體溶於液體	食鹽水，糖水，碘酒
固態溶液（亦稱固溶體）	氣體溶於固體	氫被鎳吸附，二氧化碳被固體氫氧化鈉吸收
	液體溶於固體	鈉汞齊，含結晶水的水合物
	固體溶於固體	合金鋼（碳＋鐵），黃銅（鋅＋銅）；鹽類的固溶體

飽和溶液與溶解度
(Saturated Solution and Solubility)

溶劑對於溶質的溶解量都有一定的限度，而在一定溫度時，定量溶劑所能溶解溶質的最大量，稱為在此溫度下，該溶質在該溶劑的**溶解度**，此時的溶液則為**飽和溶液**；若溶質為固體常用 100g 溶劑所能溶解溶質（無水物）的最大克數，例如在 20°C 時，100g H_2O 最多可溶解 36g NaCl，則其溶解度可標示為 36g NaCl / 100g H_2O (20°C)。若溶質為氣體，常用每 100g 溶劑中，於定溫下所溶解氣體的 mL 數（亦即 c.c.數）。例如，在 20°C 時，每 100g H_2O 中可溶解 3.1c.c.的 O_2，則其溶解度可標示為 3.1c.c. O_2 / 100g H_2O (20°C)。

由於各種物質的溶解度相差很大，習慣上將溶解度大於 0.1M 者稱為**可溶**，溶解度介於 0.1M 至 0.0001M 之間者稱為**微溶**，溶解度低於 0.0001M 者稱為**難溶**或**不溶**。

溶液的濃度比飽和溶液小的溶液稱為**未飽和溶液**；而濃度比飽和溶液大的稱為**過飽和溶液**，過飽和溶液為一種不穩定狀態，搖震會導致溶質析出。

但是也有物質能以任何比率混合成均勻溶液，例如水(H_2O)和酒精(C_2H_5OH)。

影響溶解度的因素
(Factors Affecting the Solubility)

影響溶解度的因素可分為三方面來討論：

一、物質的本性

溶質與溶劑的性質相近的話，則其溶解度很大；反之，若性質完全不同，則其溶解度很小。即「相似的溶解於相似的」，一般而言，極性物質較

能溶解於極性溶劑中，而非極性物質較能溶解於非極性溶劑中，一般有機物易溶於有機溶劑，無機物易溶於無機溶劑，如表 5-2 所示。例如食鹽(NaCl)是離子化合物，我們可以視之為100% 的極性物質，很容易溶於水(H_2O)中，因 H_2O 是典型的極性溶劑。萘丸($C_{10}H_8$)為非極性化合物，很容易溶於甲苯(C_7H_8)中，因甲苯為典型的非極性溶劑。反之，食鹽不溶於甲苯，而萘丸不溶於水。

表 5-2 溶質和溶劑的類型和溶解度大小

溶質類型	溶劑類型	溶解度大小
極性（食鹽）	極性（水）	大
非極性（萘丸）	非極性（甲苯）	大
極性（食鹽）	非極性（甲苯）	小
非極性（萘丸）	極性（水）	小

二、溫度的影響

A. 固體溶質

　　對固體溶質來講，大部分是溫度越高，其溶解度越大。如在 0°C 時，100g H_2O 可溶解 14g KNO_3，但在 70°C 時可溶解 140g。硝酸銀(AgCl)在 0°C 時，100g H_2O 可溶 122g AgCl，而在 100°C 可溶 952g，也相差 8 倍左右。

　　利用物質的溶解度對溫度變化的差異，先溶解而後結晶以達到純化的方法，稱為再結晶法。如把 140g 白色粉末狀的 KNO_3 加入 100g 的 H_2O 中，加熱至 70°C，使其成為飽和溶液，後將盛 KNO_3 水溶液的燒杯靜置，使其溫度下降至 20°C（20°C 時 KNO_3 的溶解度只有 30g），則將有 110g 的 KNO_3 以結晶形態析出，其降溫過程越緩慢，則晶體排列越規則，結晶物純度越高。

B. 氣體溶質

　　對氣體溶質而言，溫度越高，其溶解度越小，如表 5-3 所示。

表 5-3 氣體的溶解度與溫度關係

氣體(mL) 溫度(°C)	NH₃	HCl	CO₂	O₂	H₂	N₂
0	1,176	507	1.71	0.049	0.021	0.0240
20	702	442	0.88	0.031	0.018	0.0150
40	—	386	0.53	0.023	0.016	0.0120
60	—	339	0.36	0.019	0.016	0.0100
80	—	—	—	0.018	0.016	0.0096
100	—	—	—	0.017	0.016	0.0095

　　水中溶氧是水中生物生存命脈，有些工業排放水溫度甚高，直接排到湖泊河川中，使得水中溶氧量降低，造成「**熱汙染**」，大批水中生物因而窒息死亡、珊瑚白化…等。

　　汽水是在高壓下將大量 CO_2 溶於糖水中，夏天時氣溫高，我們可看見 CO_2 成氣泡上升至液面，使得瓶頸部分的空間承受很大的氣壓而容易爆破。此外，在燒開水時，溫度越高，從壺底上升的氣泡越來越多，到水沸騰時，溶於水中的空氣幾乎全跑光了，如圖 5-1 所示。

(a)汽水內之 CO_2 成氣泡冒出

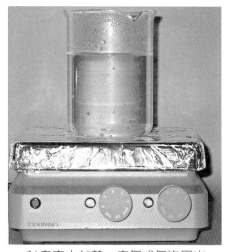

(b)自來水加熱，空氣成氣泡冒出

圖 5-1 溫度對氣體在水中溶解度的影響

三、壓力的影響

溶質為固體或液體時,壓力的改變對於溶解度的影響甚微,可以忽略,但氣體在液體中的溶解度受壓力的影響則很大。除了會和溶劑起反應的氣體外,在一定溫度下,可溶於一定量液體的氣體質量和其壓力成正比,這種關係稱為**亨利定律**(Henry's law)。圖 5-2 為亨利定律的圖解,左瓶裝的是純氧,右瓶裝的是空氣,左瓶中氧的分壓為右瓶的 5 倍,因此左瓶裡 O_2 的溶解度也是右瓶的 5 倍。若右瓶內每升水可溶 9 mg 的 O_2,則在左瓶可溶解 45 mg 的 O_2。

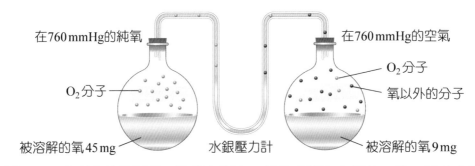

● **圖 5-2**　亨利定律的圖解,注意左瓶中,氧的分壓為右瓶的 5 倍,因此左瓶裡氧的溶解度也是 5 倍之多

會和水起反應的氣體,如 NH_3、HCl、SO_2、CO_2 等,則不適用**亨利定**律。

$$NH_3 + H_2O \rightleftharpoons NH_4OH$$
$$HCl + H_2O \longrightarrow H_3O^+ + Cl^-$$

例題 5-1

在 18°C 時,1 atm 下,O_2 在水中的溶解度為 46 mg/L,則在 7 atm 下的溶解度為多少?

解　壓力由 1 atm $\longrightarrow$ 7 atm

其倍數為 $\dfrac{7\,atm}{1\,atm}$ = 7(倍)

依亨利定律

7 atm 下 O_2 的溶解度為

46 mg/L × 7 ＝ 322 (mg/L)

5-4 溶液的濃度
(Concentration of Solution)

一定量的溶劑或溶液中所含溶質量的多寡，稱為該溶液的濃度。一般表示濃度的方法有下列七種：

一、重量百分率濃度(Weight Percentage)：簡記為%

每 100g 溶液中所含溶質的克(g)數，稱為**重量百分率濃度**。

例如 100g 糖水中含有 25g 的蔗糖，則其重量百分率濃度為 25%。以公式表示如下：

$$百分比(\%) = \frac{溶質的重量}{溶液（溶劑＋溶質）的重量} \times 100\%$$

 **例 題** 5-2

將 30 公克的 KOH 溶在 120 公克的水中，此溶液的重量百分率濃度為何？

解 $\dfrac{30}{30+120} \times 100\% = 20\%$

 **例 題** 5-3

取 130g H_2O 若要配成 10% $NaCl_{(aq)}$，則需加入多少克的 $NaCl_{(s)}$。

解 若 $NaCl_{(s)}$ 為 X

則 $10\% = (X/130+X) \times 100\%$

$130+X = 10X$

$9X = 130$

$X = 14.44$（克）

二、體積百分率濃度(Volume Percent Concentration)

由於液體或氣體的體積容易測量，所以溶液的濃度可以用體積百分率表示。如 6%酒精代表每 100 毫升的酒精溶液中含有 6 毫升的酒精溶質。體積的單位必須一致，兩者都使用毫升或兩者都使用公升。

$$體積百分率 = \frac{溶質的體積}{溶液的體積} \times 100\%$$

例題 5-4

某違規酒後開車的駕駛，喝了 3,000 毫升酒精濃度 4.5%的啤酒。警察臨檢時，請他對著酒精測試器吹氣。酒測結果，酒精濃度超過標準值，於是警察開單並當場吊扣汽車。請問此駕駛總共喝進多少毫升的酒精？

解 $4.5\% = \dfrac{溶質的體積}{3,000} \times 100\%$ ；溶質的體積 = 135 毫升

三、容積莫耳濃度(Molarity)：簡記為 M

每升(L)溶液中所含溶質的莫耳數(mol)，稱為**莫耳濃度**，其單位為莫耳／升(mol/L)，以符號 M 表示之。例如 1L 硝酸水溶液中含有 0.7mol 的 HNO_3，則其濃度為 0.7M，以公式表示如下：

$$M = \frac{溶質的莫耳數}{溶液的體積(L)} = \frac{溶質質量／溶質分子量}{溶液的體積(L)}$$

例 題 5-5

600 mL 葡萄糖水中含有 70g 的葡萄糖($C_6H_{12}O_6$)，求其莫耳濃度。

解 葡萄糖的分子量 $= (12 \times 6) + (1 \times 12) + (16 \times 6) = 180$

600 mL $=$ 0.6 L

$\therefore M = (70/180)/0.6 = 0.389/0.6 = 0.65$ (M)

例 題 5-6

欲製備 3.00M 的 KCl 溶液 0.250 升，需稱取多少克的 KCl？

解 KCl 的分子量 $= 39.1 + 35.5 = 74.5$

$$3 = \frac{\dfrac{W}{74.5}}{0.25}$$

$W = 55.9$（克）

四、重量莫耳濃度(Molality)：簡記為 m

每 1,000g 溶劑中所含溶質的莫耳數，稱為**重量莫耳濃度**，其單位為 m。例如 1,000g H_2O 中含有 180g 的葡萄糖（即 1 mol $C_6H_{12}O_6$），則其重量莫耳濃度為 1 m。今以公式表示如下：

$$m = \frac{溶質的莫耳數}{溶劑的質量(g)} \times 1,000 = \frac{溶質質量／溶質分子量}{溶劑的質量(g)} \times 1,000$$

例 題 5-7

83g 的硝酸鉀(KNO_3)溶於 350g H_2O 中，求其重量莫耳濃度。

解 KNO_3 的分子量 $= 39 + 14 + (16 \times 3) = 101$

$\therefore \quad m = \dfrac{83/101}{350} \times 1{,}000 = \dfrac{0.82}{350} \times 1{,}000 = 2.34\,(m)$

例 題 5-8

生理實驗室有一瓶500 mL 的5%葡萄糖($C_6H_{12}O_6$)水溶液，經測密度為 1.1 g/mL，試求此葡萄糖水溶液的重量莫耳濃度(m)與容積莫耳濃度(M) 各為何？（C 的原子量為12；H 的原子量為1；O 的原子量為16）。

解 $D =$ 溶液密度

$W =$ 溶液重量

$V =$ 溶液體積

$D = \dfrac{W}{V}$

$1.1 = \dfrac{W}{500} \qquad W = 550\,(g)$

$\% = \dfrac{溶質重量}{溶液重量} \times 100\%$

$5\% = \dfrac{溶質重量}{550} \times 100\%$

溶質重量 $= 27.5\,(g)$

水重 $=$ 溶液重量 $-$ 溶質重量 $= 550 - 27.5 = 522.5\,(g)$

$C_6H_{12}O_6$ 的分子量 $= (12 \times 6) + (1 \times 12) + (16 \times 6) = 180$ g/mole

$M = \dfrac{溶質莫耳數}{溶液公升數} = \dfrac{\dfrac{27.5}{180}}{\dfrac{500}{1{,}000}} = 0.31\,(M)$

$$m = \frac{溶質莫耳數}{溶劑公升數} = \frac{\dfrac{27.5}{180}}{\dfrac{522.5}{1000}} = 0.29\,(m)$$

五、當量濃度(Normality)：簡記為 N

每升(L)溶液中所含溶質的**當量數**（equivalents，常以 E 表示），稱為該溶液的**當量濃度**(normality)，其單位為 N。

當量濃度(N)的公式表示如下：

$$N = \frac{溶質的當量數(E)}{溶液的體積(L)} = \frac{溶質質量(W)／當量}{溶液的體積(L)}$$

$$當量 = \frac{分（原）子量}{價數}$$

所謂價數是指一個分子內的正總價或負總價。例如，硫酸分子 $H_2SO_4 \rightarrow 2H^+ + SO_4^{2-}$ 可釋出 2 個 H^+ 所以價數為 2。

例題 5-9

49 克的磷酸(H_3PO_4)和硫酸(H_2SO_4)各配成 1 升的水溶液，試問在進行酸鹼反應時，其當量濃度各為多少？

解 $H_3PO_4 \longrightarrow PO_4^{3-} + 3H^+$

其價數為 3

$$當量 = \frac{98}{3}$$

$$\therefore N = \frac{\left(\dfrac{49}{98/3}\right)}{1} = 1.5$$

或可採用 $N = 價數 \times M$

$$=3\times\frac{(\frac{49}{98})}{1}=1.5$$

$$H_2SO_4 \rightarrow SO_4^{2-} + 2H^+$$

其價數為 2

$$當量 = \frac{98}{2}$$

$$\therefore\quad N=\frac{(\frac{49}{98/2})}{1}=1$$

或可採用 $N=$ 價數$\times M$

$$N=2\times\frac{(\frac{49}{98})}{1}=1$$

六、莫耳分率(Mole Fraction)：簡記為 X

一般所謂溶液的莫耳分率是指溶質的莫耳分率而言。

令 $n_1=$ 溶劑的莫耳數，$n_2=$ 溶質的莫耳數，$X_1=$ 溶劑的莫耳分率，X_2 $=$ 溶質的莫耳分率，則：

$$X_1=\frac{n_1}{n_1+n_2}\qquad X_2=\frac{n_2}{n_1+n_2}$$
$$X_1+X_2=1$$

例題 5-10

在 40℃時，水(H_2O) 54 克可溶解硝酸鉀(KNO_3) 75.75 克，求在 40℃時，硝酸鉀水溶液水及硝酸鉀的莫耳分率為何? ($H=1$；$O=16$；$K=39$；N $=14$)

解 H_2O 的分子量＝$(1 \times 2) + 16 = 18$

KNO_3 的分子量＝$39 + 14 + (16 \times 3) = 101$

$n_{水} = \dfrac{54}{18} = 3$ 莫耳

$n_{硝酸鉀} = \dfrac{75.75}{101} = 0.75$ 莫耳

$X_{水} = \dfrac{3}{3 + 0.75} = 0.8$

$X_{硝酸鉀} = \dfrac{0.75}{3 + 0.75} = 0.2$

七、百萬分數(Parts Per Million)：簡記為 ppm

每一百萬分（重量）溶液中，所含有溶質的分數。通常用於微量物質的濃度單位。

$$ppm = \frac{溶質的重量}{溶液的重量} \times 10^6$$

八、十億分數(Parts Per Billion)：簡記為 ppb

每十億分（重量）溶液中，所含有溶質的分數。通常用於極微量物質的濃度單位。

$$ppb = \frac{溶質的重量}{溶液的重量} \times 10^9$$

例題 5-11

某檢驗員秤取了 500 克的豬肉，經過檢驗後發現內含萊克多巴胺（俗稱瘦肉精）0.0024g，試求濃度為若干 ppm 與 ppb？

 $\dfrac{溶質的重量}{溶液的重量} = \dfrac{0.0024}{500} \times 10^6 = 4.8\text{ppm}$

$\text{ppm} \times 10^3 = 4.8 \times 10^3 \text{ppb}$

5-5 溶液的稀釋
(Dilution of Solution)

市售 100%純果汁，許多都是由進口的濃縮果汁加水稀釋還原而成，也就是所謂的還原果汁。將原汁濃縮不但可以減少體積，尚有降低運費，方便保存及運送的優點。除了食用的果汁以外，實驗室許多藥品亦是以高濃度售出，使用者再稀釋使用。例如，市售的濃硫酸濃度為 18M，濃鹽酸濃度為 12M，濃氨水濃度為 15M 等皆是。

稀釋只是溶劑（水）的量有所增減，而溶質的量並無改變，稀釋前溶質的量＝稀釋後溶質的量

溶液的濃度可以表示成%或莫耳濃度 M。

$$\%_1 V_1 = \%_2 V_2$$

$$或 \; M_1 V_1 = M_2 V_2$$

 例題 5-12

將 75 毫升的 20% KOH 溶液加水稀釋至 KOH 溶液體積為 400 mL，此溶液稀釋後之最終濃度為多少％？

解 $\%_1 V_1 = \%_2 V_2$

$20\% \times 75 = \%_2 \times 400$

$\%_2 = (20\% \times 75)/400 = 3.75\%$

 例 題 5-13

將 75mL 的 6M KCl 溶液稀釋至最終濃度為 0.8M，試問此溶液稀釋後的體積為何？

解 $M_1V_1 = M_2V_2$

$6 \times 75 = 0.8 \times V_2$

$V_2 = (6 \times 75)/0.8 = 562.5$ (mL)

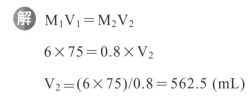 ## 5-6 滲透與反滲透
(Osmosis and Reverse Osmosis)

一、滲透與滲透壓

　　動、植物體中有許多薄膜，對於不同物質的通過具有選擇性，稱為**半透膜**，如動物的膀胱壁、腸衣和細胞膜等；又人造的硝化纖維或亞鐵氰化銅 $[Cu_2Fe(CN)_6]$膜也具有這種性質，此種半透膜一般只容許小分子通過，而較大的分子則無法通過。如純水與糖水用半透膜隔開，水分子較小，可以由半透膜移到溶液中，但是糖分子比半透膜的孔還大，故透不過去。像這種對不同物質的通過具有選擇性，允許溶劑分子通過半透膜而進入較濃溶液的現象，稱為**滲透作用**，滲透是重要的生理現象之一，生物利用滲透將氧氣與養分從血液運送至細胞，同時將身體產生的廢物從細胞中移除。如圖 5-3 所示。

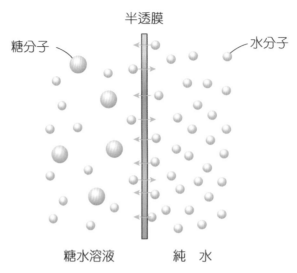

糖分子 半透膜 水分子

糖水溶液   純 水

🌑 圖 5-3　滲透（水分子可通過半透膜而糖分子則否）

　　各種不同的半透膜，其膜上的孔
大小不一，可以分離分子的種類也各
不相同，例如有些硝化纖維膜可以分
離蛋白質分子和糖分子。

　　取薊形漏斗一支，以半透膜包緊
漏斗，漏斗內放置糖液，倒放於水中，
如圖 5-4 所示。

　　水可通過半透膜進入糖水中，使
液面逐漸升高，上升到了某一高度達
到平衡時即不再上升，此時糖水液面
的高度與水液面高度的差，稱為**滲透
壓**。理論上，滲透壓(π)和溶液莫耳
濃度(C_M)的關係式為：

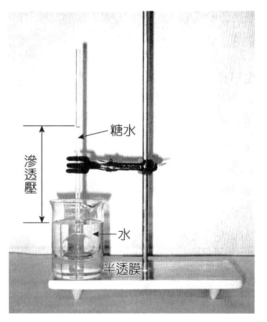

糖水

滲透壓

水

半透膜

🌑 圖 5-4　滲透壓測量方法

$$\pi = C_M RT$$

此式中，滲透壓(π)的單位為大氣壓(atm)，C_M 為溶液的容積莫耳濃度
(M, mole/L)，R 為氣體常數(0.082 atm・L/mol・K)，T 為絕對溫度(K)。

例題 5-14

求 23°C 時，0.002M 蔗糖水溶液的滲透壓？

解 $\pi = C_M RT$

$\quad = 0.002 \times 0.082 \times (23 + 273)$

$\quad = 0.0485$ (atm)

相當於

1,033.6 cm $\times$ 0.0485 $=$ 50.13（cm 水柱高）

（$\because$ 1 atm $=$ 1,033.6 cmH$_2$O）

例題 5-15

5%葡萄糖溶液和 8%的葡萄糖溶液分別置於半透膜的二邊。

1. 哪一邊的蔗糖溶液有較大的滲透壓？

2. 水最初流向哪一邊？

3. 達成平衡時，哪一邊的液面較高？

解 1. 由於 8%的葡萄糖溶液濃度較高，故溶質粒子較多，所以有較大的滲透壓。

2. 最初水由 5%的溶液流向濃度較高的 8%溶液。

3. 8%溶液這一邊的液面較高。

二、反滲透

滲透作用通常從稀溶液經過半透膜往濃溶液方向進行，如圖 5-5(a)如果將足夠的機械壓力施於濃溶液一邊，而使其壓力大於滲透壓時，會產生反滲透，而水分可從濃溶液滲透出來，如圖 5-5(b)所示。

以反滲透的原理應用在海水的淡化所用的半透膜大部分為醋酸纖維素所製成。目前全世界海水淡化方法的應用，逆滲透法排名第 1，日產量達

1,400 萬噸以上；多級閃化法占第 2 位，日產量達 1,200 萬噸以上，電透析法日產量 146.2 萬噸占第 3 位，逆滲透法和多級閃化法是海水淡化領域的主流方法。

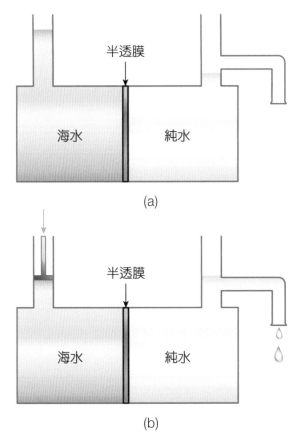

(a)

(b)

🔬 圖 5-5　反滲透作用與海水的淡化

三、等張溶液(Isotonic Solutions)

由於生物系統中的細胞膜是屬於半透膜，所以可以進行滲透作用。人體內的血液、組織液和血漿等皆具有滲透壓。大部分的靜脈注射溶液都是等張溶液，它們與體液具有相同的滲透壓，*iso* 的意思是「相等」，而 *tonic* 則是細胞內溶液的滲透壓。在醫院中常使用的等張溶液包括 0.9% NaCl 溶液和 5% 葡萄糖溶液，雖然它們並不具有和體液一樣的粒子，可是卻可以產生相同的滲透壓。

四、低張和高張溶液(Hypotonic and Hypertonic Solutions)

當紅血球置於等張溶液中時，它會維持原來正常的體積，此乃因為水流進與流出紅血球的速率相等。然而，如果紅血球置於非等張溶液中時，由於紅血球內外滲透壓的不同，所以會造成紅血球體積大大地改變。當紅血球置於純水中，即屬於低張溶液（hypotonic solutions，*hypo* 是指「較低」的意思），也就是置於濃度較低的溶液中，水會藉由滲透壓而流進紅血球內，故紅血球因為液體增加而脹大，而且還有可能會脹破，這種過程稱為**溶血**(hemolysis)。當我們將葡萄乾或乾燥水果等脫水食物置於水中時，也會發生相似的過程，即水會進入細胞內，使食物脹大而且變得圓滑。

如果紅血球置於高張溶液中（hypertonic solutions，*hyper* 是指「較高」的意思），就是置於濃度較高的溶液中，紅血球內的水會藉由滲透壓而流出紅血球外。假設紅血球置於一 12% NaCl 溶液中，因為紅血球內的滲透壓相當於 0.9% NaCl 溶液所產生的滲透壓，所以 12% NaCl 溶液的滲透壓較大，故紅血球會因失去水而萎縮，這樣的過程稱為**皺縮**(crenation)。這和我們將新鮮梅子置於高張鹽水中醃漬的過程相似，梅子會因失去水分而萎縮。

 例 題 5-16

判斷下列溶液是等張、低張或高張溶液。若將紅血球置於下列溶液中，紅血球會溶血、皺縮或是不變？

1. 0.9% NaCl 溶液

2. 3%葡萄糖溶液

3. 9%葡萄糖溶液

 解 1. 0.9% NaCl 溶液是等張溶液，紅血球不會有任何改變。

2. 3%葡萄糖溶液是低張溶液，紅血球會產生溶血現象。

3. 9%葡萄糖溶液是高張溶液，紅血球會產生皺縮現象。

 學習評量

1. 試列舉氣態溶液、液態溶液、固態溶液各三例。

2. 試述影響溶解度的因素。

3. 生理食鹽水濃度為 0.9%，欲配製 500g 的生理食鹽水，需加入多少克的食鹽？

4. 將 24 毫升的溴(Br_2)溶入四氯化碳溶劑中，最後溶液體積為 250 毫升，求此溶液中 Br_2 的體積百分率濃度為何？

5. 試計算下列溶液的容積莫耳濃度：(Na＝23；O＝16；H＝1)
   (1) 0.2 mol $CaCl_2$ 於 800 mL 水溶液中。
   (2) 60g NaOH 於 500 mL 水溶液中。

6. 欲配製 600 mL 的 0.35 M 碳酸鈉(Na_2CO_3)溶液，需使用碳酸鈉多少克？(Na＝23；C＝12；O＝16)

7. 25 克的氫氧化鈉(NaOH)溶於 400 克的水中，試求此溶液的重量莫耳濃度？(Na＝23；O＝16；H＝1)

8. 如何配製 0.5N 的 H_2SO_4 水溶液 200 mL。(S＝32；O＝16；H＝1)

9. 磷酸溶液 600 mL 中含有 14.7 克的 H_3PO_4。假設磷酸與鹼反應時，其中的三個質子均可釋出，求此溶液的當量濃度。(H＝1；P＝31；O＝16)

10. 230 克的乙醇(C_2H_5OH)與 270 克的水(H_2O)混合，則乙醇水溶液中乙醇與水的莫耳分率各為何(C＝12；H＝1；O＝16)

11. 100 mL 的 20%NH_4Cl 與 400mL 的水混合後濃度為何？

12. 欲將 1,200 毫升 95%酒精溶液稀釋成 75%酒精溶液，需加入多少毫升的水？

13. 欲將 400 mL 的 2M HCl 溶液稀釋成 0.5M HCl 溶液，試問需加入多少的水？

14. 5,000 mL 的自來水中，發現含有碳酸鎂($MgCO_3$) 0.025g，試求其濃度為若干 ppm？若干 ppb？

CHAPTER

06 電解質與離子

電解質與非電解質
(Electrolyte and Nonelectrolyte)

由於純水本身不導電，當物質溶入水後，可增加其導電度者稱為**電解質**(electrolyte)，凡屬於酸類、鹼類或鹽類的可溶性化合物都是電解質。例如在水中加入氯化鈉(NaCl)、鹽酸(HCl)、醋酸(CH_3COOH)等。反之，當物質溶入水後，無法增加其導電度者稱為**非電解質**(nonelectrolyte)。

電解質在水溶液中形成離子的作用稱為**解離**(dissociation)，而解離出帶正電荷的稱為**陽離子**(cation)和帶負電荷的稱為**陰離子**(anion)，其陰、陽離子總電量相等，整體呈現電中性，而導電現象的產生，是依靠這些離子在電場中的移動而形成的電流。若化合物溶解於水後幾乎完全或大部分解離成離子者稱為**強電解質**（如 NaCl），只有少部分解離為離子者稱為**弱電解質**（如醋酸 CH_3COOH），而完全不會解離成離子者稱為**非電解質**（如蔗糖 $C_{12}H_{22}O_{11}$）。通常可使用如圖 6-1 所示的簡便裝置來測知電解質之強弱，強電解質會使燈泡較亮，弱電解質則較暗，非電解質則不亮，電解質的強弱也可由以下化學反應方程式的形式來呈現，例如：

$$NaCl_{(aq)} \rightarrow Na^+_{(aq)} + Cl^-_{(aq)}$$ （強電解質）

$$HCl_{(aq)} \rightarrow H^+_{(aq)} + Cl^-_{(aq)}$$ （強電解質）

$$CH_3COOH_{(aq)} \rightleftharpoons CH_3COO^-_{(aq)} + H^+_{(aq)}$$ （弱電解質）

$$C_{12}H_{22}O_{11(aq)} \not\rightarrow 不解離$$ （非電解質）

電解質解離度的大小常以 α 表示之，解離度越大電解質越強，其定義如下：

$$\alpha = \frac{電解質所解離的莫耳數}{電解質解離前的總莫耳數} \times 100\%$$

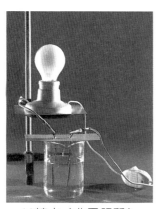  

(a)糖水（非電解質）　　　(b)食鹽水（強電解質）　　　(c)5%醋酸水溶液（弱電解質）

🔵 圖 6-1　　測定電解質強弱的簡便裝置

取自 H. F. Holtzclaw, W. R. Robinson and J. D. Odom, General Chemistry with Qualitative Analysis, 9th edition, D. C. Heath and Company, Toronto, 1991, p.346.

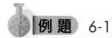 **例 題** 6-1

25°C 時，調配成 0.1 M 醋酸(CH₃COOH)水溶液，當其解離後，溶液中僅存在 0.09866 M 醋酸，試問其解離度為何？

解 $\alpha = \dfrac{\text{電解質所解離的莫耳數}}{\text{電解質解離前的總莫耳數}} \times 100\%$

$ = \dfrac{\text{電解質所解離的容積莫耳濃度}}{\text{電解質解離前的總容積莫耳濃度}} \times 100\%$

$ = \dfrac{0.1 - 0.09866}{0.1} \times 100\%$

$ = 1.34\%$

　　電解質，在水溶液中均可解離為陰、陽兩種離子。其解離度的大小取決於物質本性及其濃度的大小。在濃溶液中解離出來的陰、陽兩種離子距離較近，故很容易藉靜電吸引力的作用，重新又結合為分子，所以其解離度（α值）較小；反之，在稀薄溶液中解離出來的陰、陽兩種離子的距離較遠，其間的靜電吸引力（和距離的平方成反比）微乎其微，重新再結合

為分子的機會很小，所以較稀薄濃度時的解離度（α值）較大。溶液濃度對解離度（α值）的影響如表 6-1 所列。

表 6-1 溶液濃度對解離度(α)值的影響

α 值 種類 溶液濃度	高濃度	低濃度
氯化鉀(KCl)	0.5M 時 $\alpha = 80\%$	0.005M 時 $\alpha = 96\%$
硫酸鎂($MgSO_4$)	0.5M 時 $\alpha = 8\%$	0.005M 時 $\alpha = 69\%$
醋酸(CH_3COOH)	0.1M 時 $\alpha = 1.34\%$	0.001M 時 $\alpha = 12.5\%$

6-2 酸、鹼的概念
(The Concept of Acid and Base)

在我們周遭的生活環境中，有些物質我們都是很熟悉它是屬於酸或鹼的，如醋、檸檬、一般未成熟的水果等是酸的，肥皂水、蘇打水（Na_2CO_3 水溶液）等是鹼的，但是對於如何判斷或定義何者是酸何者是鹼卻未必清楚，以下有三種學說各說明如下。

一、酸鹼學說(Theories of Acid and Base)

1. 1884 年，瑞典化學家阿瑞尼士(S. Arrhenius)提出**解離說**：在水溶液中會解離出氫離子(H^+)者為酸，在水溶液中會解離出氫氧離子(OH^-)者為鹼。

   酸(acid)：$HCl_{(aq)} \rightarrow H^+ + Cl^-$
   鹼(base)：$NaOH_{(aq)} \rightarrow Na^+ + OH^-$

2. 1923 年，丹麥化學家布忍司特(J. Bronsted)和英國化學家羅瑞(T. Lowry)分別提出：在化學反應中能**供給質子者**(proton donor)為酸，能**接受質子者**(proton acceptor)為鹼。

由於氫原子的結構是原子核內只有 1 個質子，而核外只有 1 個電子，所謂氫離子(H^+)是 1 個氫原子失去 1 個電子，只剩 1 個質子，所以常稱 H^+ 為質子，故供給質子就是供給氫離子(H^+)，而接受質子也就是接受氫離子(H^+)。

$$NH_{3(g)} + H_2O_{(l)} \rightleftharpoons NH_{4(aq)}^+ + OH_{(aq)}^-$$
鹼　　　酸

$$CH_3COOH_{(aq)} + H_2O_{(l)} \rightleftharpoons CH_3COO_{(aq)}^- + H_3O_{(aq)}^+$$
酸　　　　　鹼

$$F_{(aq)}^- + H_2O_{(l)} \rightleftharpoons HF_{(aq)} + OH_{(aq)}^-$$
鹼　　酸

$$HS_{(aq)}^- + OH_{(aq)}^- \rightleftharpoons S_{(aq)}^{2-} + H_2O_{(l)}$$
酸　　　鹼

在此定義中，由酸失去質子所產生的鹼，稱為此酸的**共軛鹼**，例如 Cl^- 是 HCl 的共軛鹼；而由鹼獲得質子所形成的酸，稱為此鹼的**共軛酸**，例如 NH_4^+ 是 NH_3 的共軛酸。此關係稱為**共軛酸鹼對**。

在共軛酸鹼對的關係中，強酸的共軛鹼是弱鹼，而弱酸的共軛鹼是強鹼；反之，亦成立。其關係如下列式子所示，其中以 A 代表酸(acid)，B 代表鹼(base)，S 表示強(strong)，W 表示弱(weak)。

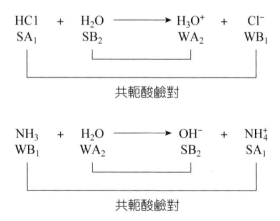

3. 1923 年，美國化學家路易士(G. N. Lewis)認為：酸為**電子對接受者**
(electron pair acceptor)，鹼為**電子對的供給者**(electron pair donor)。

$$
\begin{array}{ccc}
\text{路易士酸} & \text{路易士鹼} &
\end{array}
$$

上述三種酸、鹼的定義如表 6-2 所示，其中以路易士酸鹼定義所涵蓋
的範圍最為廣泛，布忍司特－羅瑞所定義者次之，而阿瑞尼士所提的則是
較為狹義的酸鹼定義。

表 6-2 酸、鹼定義

定義學者	酸	鹼	範例
阿瑞尼士	能釋出 H^+ 者	能釋出 OH^- 者	酸：$H_2SO_{4(l)} + H_2O \rightarrow HSO_{4(aq)}^- + H_3O_{(aq)}^+$ 鹼：$Ca(OH)_{2(s)} \xrightarrow{H_2O_{(l)}} Ca_{(aq)}^{2+} + 2OH_{(aq)}^-$
布忍司特－羅瑞	能提供 H^+ 者	能接受 H^+ 者	酸：$SO_{3(aq)} + 2H_2O_{(l)} \rightarrow HSO_{4(aq)}^- + H_3O_{(aq)}^+$ 鹼：$NH_3 + HCl \rightleftharpoons NH_4^+ + Cl^-$
路易士	電子對的接受者	電子對的提供者	鹼　酸

雖然路易士對酸鹼的定義較為廣泛，但在水溶液酸鹼反應中，以利用
阿瑞尼士和布忍司特－羅瑞的定義較為方便，而路易士酸鹼的觀念則是用
在非水溶液中較為適用。

6-3 酸、鹼的性質與種類
(Properties and Kinds of Acid and Base)

一、酸的性質

常見的礦酸如硫酸(H_2SO_4)、鹽酸(HCl)、硝酸(HNO_3)或有機酸如醋酸(CH_3COOH)、檸檬酸[$CH_2(COOH)C(OH)(COOH)CH_2(COOH)$]都具有下列通性:

1. 其水溶液有酸味。

2. 其水溶液能使藍色石蕊試紙變紅,使黃色甲基橙變紅,加兩滴酚酞攪拌呈無色。

3. 其水溶液會解離產生氫離子(H^+)。

$$H_2SO_{4(aq)} \rightarrow 2H^+ + SO_4^{2-}$$

4. 能和適當的金屬〔化學活性比氫高,但不要太高,一般為鋅(Zn)、鐵(Fe)和鋁(Al)〕作用產生氫氣。

$$Zn + H_2SO_4 \rightarrow ZnSO_{4(aq)} + H_{2(g)}\uparrow$$

若和化性太活潑的金屬(如鈉、鉀)作用太劇烈,會有危險性。

5. 和鹼進行中和反應時會產生鹽類和水。

$$H_2SO_4 + 2NaOH \rightarrow Na_2SO_4 + 2H_2O$$

酸性的強弱以其在水中的解離度而定,能解離出越多的 H^+ 者酸性較強。H_2SO_4,HCl,HNO_3 之水溶液幾乎是 100%解離為離子,屬強酸,但如醋酸(CH_3COOH)只有少部分解離為離子,屬弱酸。

二、酸的種類

酸可依其在水溶液中解離出的 H^+ 數目而分為:

A. 單質子酸

酸分子中只能解離出一個質子(H^+)者。

鹽酸：$HCl \rightarrow Cl^- + H^+$

醋酸：$CH_3COOH \rightleftharpoons CH_3COO^- + H^+$

B. 二質子酸

酸分子中能逐步解離出二個質子(H^+)者。

硫酸：$H_2SO_4 \rightarrow HSO_4^- + H^+$

$HSO_4^- \rightarrow SO_4^{2-} + H^+$

草酸：$(COOH)_2 \rightleftharpoons HOOCCOO^- + H^+$

$HOOCCOO^- \rightleftharpoons C_2O_4^{2-} + H^+$

C. 三質子酸

酸分子中能逐步解離出三個質子(H^+)者。

磷酸：$H_3PO_4 \rightleftharpoons H_2PO_4^- + H^+$

$H_2PO_4^- \rightleftharpoons HPO_4^{2-} + H^+$

$HPO_4^{2-} \rightleftharpoons PO_4^{3-} + H^+$

檸檬酸：

$$
\begin{array}{ccc}
& H & H \\
& | & | \\
& H-C-COOH & H-C-COO^- \\
& | & | \\
HO-C-COOH & \rightleftharpoons \quad HO-C-COO^- & +\ 3H^+ \\
& | & | \\
& H-C-COOH & H-C-COO^- \\
& | & | \\
& H & H
\end{array}
$$

三、鹼的性質

如 NaOH，$Ca(OH)_2$ 等鹼類的一般性質如下：

1. 其水溶液能產生氫氧離子(OH^-)者。

$$KOH_{(aq)} \rightarrow K^+ + OH^-$$

2. 其水溶液能使紅色石蕊試紙變藍，加兩滴酚酞攪拌呈粉紅色。

3. 其水溶液有苦澀味及滑膩感。

4. 與酸進行中和反應時會產生鹽類和水。

$$Ca(OH)_2 + 2HNO_3 \rightarrow Ca(NO_3)_2 + 2H_2O$$

5. 有些化合物分子內不含氫氧根(OH^-)，但溶於水可解離出 OH^-，亦是鹼。

$$NH_3 + H_2O \rightleftharpoons NH_4OH \rightleftharpoons NH_4^+ + OH^-$$

鹼性的強弱是以其在水中能解離出越多的 OH^- 者為強鹼，如 NaOH，KOH 之水溶液幾乎是 100%解離為離子，屬強鹼，但氨水(NH_4OH)只有少部分解離為離子，屬弱鹼。

四、鹼的種類

鹼可依其在水溶液中所解離出的 OH^- 數目區分為：

1. **單鹼**：一分子的鹼只含有一個 OH^- 者，如 NaOH，KOH，NH_4OH。
2. **雙鹼**：一分子的鹼含有二個 OH^- 者，如 $Ca(OH)_2$，$Mg(OH)_2$。
3. **三鹼**：一分子的鹼含有三個 OH^- 者，如 $Al(OH)_3$，$Fe(OH)_3$。

是否曾聽說過不要吃太多酸性食物，那麼檸檬汁含維生素 C 喝起來酸酸的，是不是對人體就不好啦！事實上，我們所說的酸性或鹼性食物，並不是口中味蕾對食物的感覺，而是所吃下的食物進入人體後經過消化代謝所生成的陽離子或陰離子對體液酸鹼的影響，檸檬汁喝下後，所含有的有機酸在體內分解成二氧化碳和水，所以事實上對體液的酸鹼值並無影響，但是這些水果或青菜類食物含豐富的鈉、鉀、鈣等金屬，這些金屬在體內會使血液的鈉離子、鉀離子等增加，而鹼主要為金屬或氨的氫氧化物，所以這些金屬陽離子的增加反而使體液偏鹼。而肉類或奶類等其他含硫、磷

元素的化合物，吃入人體後會代謝成磷酸根或硫酸根離子，這些酸根離子會使體液偏酸，所以說肉類屬於酸性食物。

6-4　酸、鹼的游離與游離平衡
(Ionization of Acid and Base and Equilibrium)

酸和鹼都屬於電解質，它們在水溶液中都會游離。而強電解質（如 HCl、HNO$_3$、H$_2$SO$_4$、NaOH、Ca(OH)$_2$ 等）在水溶液中幾乎是完全解離成離子，可是弱電解質〔如氨(NH$_3$)、醋酸(CH$_3$COOH)、碳酸(H$_2$CO$_3$)等〕在水溶液中，僅有一部分分子解離成離子，未解離的分子與解離後的離子會形成動態平衡的狀態：

$$CH_3COOH + H_2O \rightleftharpoons CH_3CO_2^- + H_3O^+$$
$$NH_3 + H_2O \rightleftharpoons NH_4^+ + OH^-$$

在定溫下，經過長時間的平衡後，反應系各物質的濃度不再因時間而改變時，可稱此反應已達平衡。在達到平衡後，反應並非完全終止，而是正向反應速率與逆向反應速率相等，此即所謂的**動態平衡**現象。

因達到平衡後，反應系各物質的濃度不再改變，因此便以此定義出可逆反應的平衡指標－**解離平衡常數**(K)，其定義如下：

$$aA + bB \rightleftharpoons cC + dD$$
$$K = \frac{[C]^c[D]^d}{[A]^a[B]^b}$$

（上式中，以[A]、[B]、[C]、[D]分別表示 A、B、C、D 之容積莫耳濃度）

解離平衡常數(K)是電解質的特性之一，和該電解質在水溶液中的濃度無關，但會隨物質種類和溫度而改變，通常吸熱反應者在升高溫度時會使其 K 值增大。K 值越大的酸或鹼，其在水中的解離程度越大，故為較強的酸或鹼。

弱酸（如醋酸）在水溶液中的解離平衡反應如下式：

例如：

$$CH_3COOH + H_2O \rightleftharpoons CH_3CO_2^- + H_3O^+$$

$$K = \frac{[CH_3CO_2^-][H_3O^+]}{[CH_3COOH][H_2O]}$$

通常弱酸中水(H_2O)的濃度改變甚小，可視為固定值($[H_2O] \sim 55.5M$)，而每次計算都要除此定值甚麻煩，故以$[H_2O]$和K合併成為新的平衡常數，稱為K_a（酸的解離平衡常數）：

$$K_a = K[H_2O] = \frac{[CH_3CO_2^-][H_3O^+]}{[CH_3COOH]}$$

相同的情況下，弱鹼（如氨水）之解離平衡常數(K_b)的定義如下式：

例如：

$$NH_3 + H_2O \rightleftharpoons NH_4^+ + OH^-$$

$$K = \frac{[NH_4^+][OH^-]}{[NH_3][H_2O]}$$

$$K_b = K[H_2O] = \frac{[NH_4^+][OH^-]}{[NH_3]}$$

一些常見的 K_a、K_b 值分別載於表 6-3 和表 6-4 中，以供參考。

表 6-3 一些酸在水溶液中之 K_a 值(25°C)

物質名稱	游離反應	K_a
氫氯酸	$HCl \rightarrow H^+ + Cl^-$	很大
硫酸	$H_2SO_4 \rightarrow H^+ + HSO_4^-$	很大
	$HSO_4^- \rightleftharpoons H^+ + SO_4^{2-}$	1.2×10^{-2}
亞硫酸	$H_2SO_3 \rightleftharpoons H^+ + HSO_3^-$	1.3×10^{-2}
	$HSO_3^- \rightleftharpoons H^+ + SO_3^{2-}$	6.3×10^{-5}
亞氯酸	$HClO_2 \rightleftharpoons H^+ + ClO_2^-$	1.1×10^{-2}

表 6-3　一些酸在水溶液中之 K_a 值(25°C)（續）

物質名稱	游離反應	K_a
磷酸	$H_3PO_4 \rightleftharpoons H^+ + H_2PO_4^-$	7.5×10^{-3}
	$H_2PO_4^- \rightleftharpoons H^+ + HPO_4^{2-}$	6.2×10^{-3}
	$HPO_4^{2-} \rightleftharpoons H^+ + PO_4^{3-}$	4.4×10^{-13}
氫氟酸	$HF \rightleftharpoons H^+ + F^-$	6.6×10^{-4}
亞硝酸	$HNO_2 \rightleftharpoons H^+ + NO_2^-$	5.1×10^{-4}
甲酸	$HCO_2H \rightleftharpoons H^+ + HCO_2^-$	1.8×10^{-4}
乙酸（醋酸）	$CH_3COOH \rightleftharpoons H^+ + CH_3CO_2^-$	1.8×10^{-5}
碳酸	$H_2CO_3 \rightleftharpoons H^+ + HCO_3^-$	4.3×10^{-7}
	$HCO_3^- \rightleftharpoons H^+ + CO_3^{2-}$	5.6×10^{-11}
氫硫酸	$H_2S \rightleftharpoons H^+ + HS^-$	1.1×10^{-7}
	$HS^- \rightleftharpoons H^+ + S^{2-}$	1.0×10^{-14}
次氯酸	$HClO \rightleftharpoons H^+ + ClO^-$	3.0×10^{-8}
氫氰酸	$HCN \rightleftharpoons H^+ + CN^-$	6.2×10^{-10}

註：$K_a > 1 \times 10^3$　　　　　　　很強的酸
　　K_a 介於 1×10^3 和 1×10^{-2} 之間　　強　酸
　　K_a 介於 1×10^{-2} 和 1×10^{-7} 之間　　弱　酸
　　$K_a < 1 \times 10^{-7}$　　　　　　　很弱的酸

表 6-4　一些鹼在水溶液中之 K_b 值(25°C)

物質名稱	游離反應	K_b
氫氧化鈉	$NaOH \rightarrow Na^+ + OH^-$	很大
氫氧化鉀	$KOH \rightarrow K^+ + OH^-$	很大
二甲胺	$(CH_3)_2NH + H_2O \rightleftharpoons (CH_3)_2NH_2^+ + OH^-$	5.9×10^{-4}
甲胺	$CH_3NH_2 + H_2O \rightleftharpoons CH_3NH_3^+ + OH^-$	4.2×10^{-4}
乙二胺	$H_2NCH_2CH_2NH_2 + H_2O \rightleftharpoons H_2NCH_2CH_2NH_3^+ + OH^-$	3.6×10^{-4}
	$H_2NCH_2CH_2NH_3^+ + H_2O \rightleftharpoons H_3NCH_2CH_2NH_3^{2+} + OH^-$	5.4×10^{-7}
三甲胺	$(CH_3)_3N + H_2O \rightleftharpoons (CH_3)_3NH^+ + OH^-$	6.3×10^{-5}

表 6-4 一些鹼在水溶液中之 K_b 值(25°C)（續）

物質名稱	游離反應	K_b
氨	$NH_3 + H_2O \rightleftharpoons NH_4^+ + OH^-$	1.8×10^{-5}
聯氨	$N_2H_4 + H_2O \rightleftharpoons N_2H_5^+ + OH^-$	9.8×10^{-7}
	$N_2H_5^+ + H_2O \rightleftharpoons N_2H_6^{2+} + OH^-$	1.3×10^{-15}
羥胺	$HONH_2 + H_2O \rightleftharpoons HONH_3^+ + OH^-$	9.1×10^{-9}

例題 6-2

20°C，0.1M HA（某酸）溶液的解離度(α)為 25%，求

1. 當達平衡時，[H$^+$]，[A$^-$]及[HA]？

2. 此 HA 的解離平衡常數(K_a)？

解

	HA	$\rightleftharpoons$	H$^+$	+	A$^-$
開始時：	0.1M		0		0
平衡時：	$(0.1-0.1\times25\%)$		$0.1\times25\%$		$0.1\times25\%$
	$=0.075$ M		$=0.025$ M		$=0.025$ M

$$K_a = \frac{[H^+][A^-]}{HA}$$

$$= \frac{(0.025)^2}{0.075} = 0.0083$$

6-5　pH 值
(pH Values)

pH 值就是氫的水合離子濃度[H$_3$O$^+$]的標度，也就是酸鹼度，pH 值大小可以衡量水溶液的酸或鹼的程度。

目前最常用的簡便方法是以石蕊試紙測試，藍色石蕊試紙遇酸性物質時會變紅色，而紅色石蕊試紙遇鹼性物質時會變藍色，如欲測量酸鹼程度的話，則可採用 pH 計測知 pH 值，如圖 6-2(b)所示。

(a)pH 試紙　　　　　　　　　　(b)pH 計

🌑 **圖 6-2**　pH 值測定的兩種方法

純水(H_2O)雖為不良導體，但使用精密的儀器，則可測出其微弱的導電度，因此水是很弱的電解質，其解離反應如下：

$$H_2O + H_2O \rightleftharpoons OH^- + H_3O^+$$

其解離平衡常數：

$$K = \frac{[OH^-][H_3O^+]}{[H_2O]^2}$$

相同的，由於 H_2O 的解離度極小，故$[H_2O]$可視為常數，因此，結合 K 值和$[H_2O]^2$ 兩常數，而定義出**水的離子積**(K_w)：

$$K_w = K[H_2O]^2 = [OH^-][H_3O^+]$$

在不同溫度時，水之 K_w 值略有不同，如表 6-5 所示。因為水的解離反應為吸熱反應，所以溫度升高時有利於水的解離反應，因此溫度較高時，H_2O 之 K_w 值較大。

表 6-5 不同溫度時 H_2O 的 K_w 值

溫度(°C)	K_w	pK_w
0	0.114×10^{-14}	14.9
10	0.295×10^{-14}	14.5
20	0.676×10^{-14}	14.2
25	1×10^{-14}	14.0
65	9.55×10^{-14}	13.0

所以若溫度高於 25°C 時，若測得水溶液之 pH＝7 時為鹼性溶液；反之，溫度低於 25°C 的水溶液，若測得 pH＝7 時為酸性溶液。

25°C 時，H_2O 的 K_w 值

$$K_w = [H_3O^+][OH^-] = 1 \times 10^{-14}$$

一個中性溶液之中，其 $[H_3O^+] = [OH^-] = 1 \times 10^{-7}M$

亦即一溶液的氫離子濃度 $[H_3O^+] = 1 \times 10^{-7}M$ 時為中性溶液。為了方便起見，1909 年瑞典化學家索任仙(Sorensen)以 pH 值來表現 $[H_3O^+]$ 的多寡。

$$pH = -\log[H_3O^+]$$

此 log 對數是以 10 為底的對數，故中性溶液的 pH 值如下：

$$pH = -\log 10^{-7} = -(-7) = 7$$

亦即中性溶液的 pH 值為 7。

在一個酸性溶液中其 $[H_3O^+] > [OH^-]$，因 pH 值和 $[H_3O^+]$ 有負號關係，故酸性溶液的 pH＜7；而在一個鹼性溶液中其 $[H_3O^+] < [OH^-]$，故其 pH＞7。$[H_3O^+]$ 和 pH 值的關係如表 6-6 所示。

表 6-6 [H₃O⁺]/[OH⁻]和 pH 值的關係(25°C)

pH	[H₃O⁺]	[OH⁻]	酸鹼性
0	1	10^{-14}	強酸
1	10^{-1}	10^{-13}	↑
2	10^{-2}	10^{-12}	
3	10^{-3}	10^{-11}	
4	10^{-4}	10^{-10}	
5	10^{-5}	10^{-9}	
6	10^{-6}	10^{-8}	弱酸
7	10^{-7}	10^{-7}	中性
8	10^{-8}	10^{-6}	弱鹼
9	10^{-9}	10^{-5}	
10	10^{-10}	10^{-4}	
11	10^{-11}	10^{-3}	
12	10^{-12}	10^{-2}	
13	10^{-13}	10^{-1}	↓
14	10^{-14}	1	強鹼

有時也會用到 pOH，其定義如下：

$$pOH = -\log[OH^-]$$

而　$pH + pOH = 14$

一般日常生活中亦常用 pH 值來度量酸鹼強弱，如血液的 pH 值一般為 7.4 呈弱鹼性，而胃酸的成分是鹽酸，其 pH 值為 2~3 呈強酸，一些常見溶液之 pH 值列在表 6-7。

表 6-7 常見溶液之 pH 值

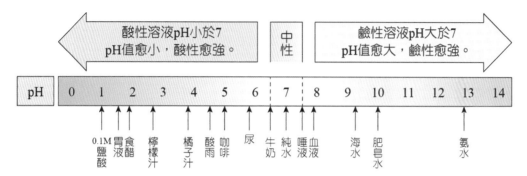

酸性溶液pH小於7
pH值愈小，酸性愈強。

中性

鹼性溶液pH大於7
pH值愈大，鹼性愈強。

pH	0	1	2	3	4	5	6	7	8	9	10	11	12	13	14

0.1M
鹽酸　胃液　食醋　檸檬汁　橘子汁　酸雨　咖啡　尿　牛奶　純水　唾液　血液　海水　肥皂水　氨水

例題 6-3

25°C 時，求 0.001M NaOH 溶液的 pH 值。

解　$NaOH \rightarrow Na^+ + OH^-$

∵NaOH 為強電解質，在水溶液中的解離度(α)為 100%。

∴其$[OH^-] = 0.001M$

$\qquad\qquad = 1 \times 10^{-3}M$

又∵$\qquad [H^+][OH^-] = 1 \times 10^{-14}$

∴$[H^+] = \dfrac{1 \times 10^{-14}}{1 \times 10^{-3}} = 1 \times 10^{-11}$

$pH = -\log[H^+] = -\log 10^{-11}$

$\quad = -(-11) = 11$

例題 6-4

25°C 時，若 0.01M 醋酸溶液(CH_3COOH)之解離度(α)為 1.00%，求其 pH 值。

解 $CH_3COOH + H_2O \rightleftharpoons CH_3COO^- + H_3O^+$

只有 1.00%的 CH_3COOH 解離為 CH_3COO^- 和 H_3O^+。

其$[H_3O^+] = 0.01M \times 1.00\% = 1.00 \times 10^{-4}$ M

$\therefore \quad pH = -\log 1.00 \times 10^{-4} = 4$

例題 6-5

某單鹼的濃度為 0.5M，其解離度(α)為 0.2%，計算其 pH 值及 pOH 值 ($BOH \rightleftharpoons B^+ + OH^-$)？

解 $[OH^-] = 0.5M \times 0.2\% = 1.00 \times 10^{-3}$ M

$\therefore \quad pOH = -\log 1.00 \times 10^{-3} = 3$

$pH = 14 - 3 = 11$

6-6 中和與酸、鹼滴定
(Neutralization and Titration)

一、酸鹼中和

當酸和鹼在水溶液中起反應時，酸的氫離子(H^+)和鹼的氫氧離子(OH^-)會結合成水分子，並有鹽類為其副產品，此類反應稱為**中和反應**(neutralization)。

$$H_3O^+_{(aq)} + OH^-_{(aq)} \rightarrow 2H_2O_{(l)}$$

此時酸和鹼的特性都消失，如以適量的 H_2SO_4 和 KOH 混合，則生成 K_2SO_4 和水，而混合液中的酸性和鹼性都不見了。

$$H_2SO_{4(aq)} + 2KOH_{(aq)} \rightarrow K_2SO_{4(aq)} + 2H_2O_{(l)}$$

當酸鹼中和時會釋放出熱能，水溶液的溫度因之升高。任何強酸和強鹼發生中和反應時，每產生 1 莫耳(mole)的水約可放出 13.7 仟卡(Kcal)的熱量，此稱之為**中和熱**。

$$H^+ + OH^- \rightarrow H_2O \qquad \Delta H = -13.7Kcal$$

二、酸鹼滴定

利用一種已知濃度的溶液（稱為標準溶液）來測定另一種未知溶液的濃度或體積的方法稱為**滴定**。酸鹼滴定是利用中和反應來測定酸或鹼濃度之法，其過程是將已知濃度的酸溶液（或鹼溶液）裝入滴定管裡面，而取一定量的另外一種未知濃度的鹼溶液（或酸溶液）盛於燒瓶或燒杯中，並加入約兩滴適當的指示劑(indicator)以顯示中和反應是否達到終點，如圖 6-3。由滴定管中加入已知濃度的溶液於待測溶液時，當越接近終點時要越特別小心滴定，直至指示劑的顏色改變時，此時即達到**滴定終點**(end point of titration)，而酸鹼反應中酸和鹼的當量數相等時，稱為**當量點**(equivalent point)。測定時，應力求滴定終點越接近理論上的當量點。

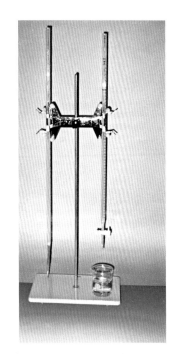

🔵 **圖 6-3** 酸鹼滴定裝置

滴定時的濃度均以當量濃度(C_N)來表示，若以 N_A 和 N_B 分別表示酸和鹼的當量濃度，在達到滴定終點時所用去酸或鹼的體積分別為 V_A 和 V_B，則可以下列公式表示：

$$N_A V_A = N_B V_B$$

即酸的克當量數($N_A V_A$)等於鹼的克當量數($N_B V_B$)，其中 V_A 和 V_B 所用的體積單位要一致。

 **例 題** 6-6

由滴定管中滴出 42 mL 的 0.2N NaOH 溶液恰可以中和 35 mL 未知濃度的 H_2SO_4 溶液，求 H_2SO_4 的濃度。

解 由 $N_A V_A = N_B V_B$

$$N_A = \frac{N_B V_B}{V_A} = \frac{0.2 \times 42}{35} = 0.24 \ (N)$$

三、指示劑(Indicator)

因酸和鹼的溶液都是透明的，無法判斷何時達到中和點，故利用能在酸或鹼性溶液中顯現不同顏色的物質，並藉其顏色的改變來判斷是否達到**滴定終點**，這種物質稱為**指示劑**。一般的指示劑都是構造複雜的有機化合物，本身具有弱酸性或弱鹼性，常帶有顏色。常用的指示劑如表 6-8 所示。

指示劑的選用要根據滴定曲線，例如以氫氧化鈉(NaOH)滴定醋酸時，其滴定曲線如圖 6-4 所示，其指示劑應選用以酚酞為佳，酚酞在酸性溶液中呈無色，但在鹼性溶液中則變為粉紅色，故可利用酚酞在溶液中由無色變為粉紅色來判定滴定終點。

✳ 表 6-8 常用指示劑的適用 pH 值範圍和顏色變化

指示劑	pH 值	顏色變化*	指示劑溶液的製備
甲基紫(methyl violet)	0.1~1.5	黃→藍	0.25%水溶液
苯紅紫(benzopurpurin)	1.3~4.0	藍→紅	0.1%水溶液
甲基橙(methyl orange)	3.1~4.4	紅→黃	0.1%水溶液
剛果紅(Congo red)	3.0~5.2	藍→紅	0.1%水溶液
甲基紅(methyl red)	4.2~6.2	紅→黃	0.1 克溶於 18.6 mL 的 0.02N NaOH 中，再稀釋至 250 mL
石蕊(litmus)	4.5~8.3	紅→藍	0.5%水溶液
酚紅(phenol red)	6.8~8.4	黃→紅	0.1 克溶於 14.2 mL 的 0.02 N NaOH 中，再稀釋至 250 mL
酚酞(phenolphthalein)	8.2~10	無→紅	1%酒精溶液
茜素黃 R (alizarin yellow R)	10.2~12	黃→紅	0.1%水溶液
靛胭脂(indigo carmine)	11.6~14	藍→黃	0.25%在 50%酒精中

*顏色變化：為由酸性變成鹼性時的變化。

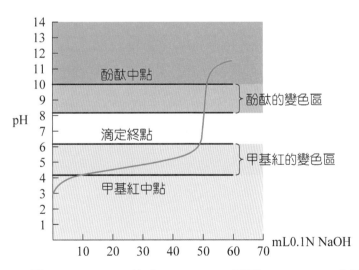

 🔵 圖 6-4 用 0.10N NaOH 滴定 50mL 0.IN 醋酸(CH₃COOH)之滴定曲線

6-7 鹽的性質與種類
(Properties and Kinds of Salt)

一、鹽的性質

鹽類為酸鹼中和的產物是由金屬陽離子和非金屬陰離子或酸根離子結合而成，如氯化鈉($NaCl$)、硫酸鉀(K_2SO_4)、醋酸銨(CH_3COONH_4)等，在常溫時多為固體，並有特定的晶體形狀，溶於水中則解離成帶正電荷的陽離子和帶負電荷的陰離子，大多數的鹽類是強電解質。

鹽類水溶液的 pH 值大多隨其種類而定：(1)由強酸和強鹼中和所產生的鹽，如氯化鈉($NaCl$)、硝酸鉀(KNO_3)等，其水溶液為中性；(2)由強酸和弱鹼中和所生成的鹽，如硫酸銨$[(NH_4)_2SO_4]$，其水溶液呈弱酸性；(3)由弱酸和強鹼中和所生成的鹽，如醋酸鉀(CH_3COOK)，其水溶液呈弱鹼性。

1. $KNO_{3(aq)} + H_2O_{(l)} \rightleftharpoons KOH_{(aq)} + HNO_{3(aq)}$

2. $(NH_4)_2SO_{4(aq)} + 2H_2O_{(l)} \rightleftharpoons 2NH_4OH_{(aq)} + H_2SO_{4(aq)}$

3. $CH_3COOK_{(aq)} + H_2O_{(l)} \rightleftharpoons KOH_{(aq)} + CH_3COOH_{(aq)}$

由弱酸和弱鹼中和所生成的鹽，其水溶液可以是中性、鹼性或酸性。

二、鹽的種類

一般鹽類可分為下列五種：

A. 正鹽(Normal Salt)

由酸和鹼完全中和所得的鹽類，分子中不含氫離子或氫氧離子者，如硝酸鉀(KNO_3)、硫酸鈉(Na_2SO_4)、氯化銨(NH_4Cl)、氯化鈉($NaCl$)、亞氯酸鈉($NaClO_2$)、硫酸亞鐵($FeSO_4$)、硝酸銨(NH_4NO_3)等。

B. 酸式鹽(Acidic Salt)

鹽分子中含有可游離的氫離子者，如碳酸氫鈉($NaHCO_3$)、硫酸氫鉀($KHSO_4$)、硫酸氫銨(NH_4HSO_4)等。

C. 鹼式鹽(Basic Salt)

鹽分子中含有可游離的氫氧離子者,如鹼式氯化鋇[Ba(OH)Cl]、鹼式醋酸鉛[Pb(OH)(CH₃COO)]、硝酸氫氧鉍[Bi(OH)(NO₃)₂]等。

D. 複鹽(Double Salt)

由兩種或兩種以上的鹽所形成的複合物,其水溶液中至少包含兩種以上的金屬離子或酸根,如鉀明礬[K₂SO₄·Al₂(SO₄)₃·12H₂O]、氯化鉀－氯化鎂複合物[MgCl₂·KCl·6H₂O]等。

E. 錯鹽(Complex Salt)

金屬離子在溶液中,常會和中性分子或陰離子相結合而形成錯離子。再由此錯離子與陽離子或陰離子構成錯鹽。如銀氰化鉀[KAg(CN)₂],可解離出 Ag(CN)₂⁻錯離子;硫酸四氨銅[Cu(NH₃)₄SO₄],可解離出 Cu(NH₃)₄²⁺錯離子;氫氧二氨銀[Ag(NH₃)₂OH],可解離出 Ag(NH₃)₂⁺錯離子等。

三、鹽的用途

鹽是日常生活中常用的物質:食鹽(NaCl)用於調味及保存食品,且為工業上製造金屬鈉或氯氣的原料;硫酸鈣(CaSO₄)是水泥的主成分;大理石、灰石中含有的碳酸鈣(CaCO₃)則用於建築材料;碳酸鈉(Na₂CO₃)與二氧化矽(SiO₂)反應可製成鈉玻璃;碳酸氫鈉(NaHCO₃)俗稱小蘇打,遇酸或熱可產生 CO₂ 氣體,故常用作為焙粉,以使麵包、餅乾膨鬆。

鹽也是體內體液、代謝不可缺少的物質。表 6-9 所列為常見的鹽及其用途。

✵ 表 6-9　常見的鹽及其用途

鹽	名稱	化學式	用途
鈣鹽	硫酸鈣	$(CaSO_4)_2 \cdot H_2O$	石膏、骨科製模
	碳酸鈣	$CaCO_3$	骨、牙齒的生長
鐵鹽	硫酸亞鐵	$FeSO_4$	抗缺鐵性貧血
	氫氧化鐵	$Fe(OH)_3$	色素、吸著劑
鈉鹽	氯化鈉	$NaCl$	生理食鹽水
碘鹽	碘化鉀	KI	抗甲狀腺機能亢進
	碘化鈉	NaI	祛痰藥、碘補充劑
碳酸鹽	碳酸鈉	Na_2CO_3	玻璃的原料
	碳酸氫鈉	$NaHCO_3$	制酸劑
銀鹽	硝酸銀	$AgNO_3$	照相乳劑
鋇鹽	硫酸鋇	$BaSO_4$	X 光顯影劑
鎂鹽	硫酸鎂	$MgSO_4$	瀉劑

6-8　溶解度積
(Solubility Product)

　　微溶性的鹽類溶於水後，只有少量分子解離為離子，如離子含量超過其溶解度，則陰、陽離子又化合為固態鹽類而自溶液中析出，最後固態的鹽和離子會達成動態的平衡（如圖 6-5）。

　　微溶性的鹽常以 K_{sp} 來表示其溶解度，解離後的離子價數相同

🔵 圖 6-5　$AgCl_{(s)}$和 Ag^+，Cl^-呈動態平衡

時，則 K_{sp} 越大，其溶解度也越大；K_{sp} 較小的鹽，其溶解度較低。同一物質在不同溫度下之 K_{sp} 值不同。

如氯化銀(AgCl)為微溶性鹽，其解離方程式如下：

$$AgCl_{(s)} \xrightleftharpoons[\text{沉澱}]{\text{溶解}} Ag^+_{(aq)} + Cl^-_{(aq)}$$

定溫之下，其解離平衡常數：

$$K = \frac{[Ag^+][Cl^-]}{[AgCl_{(s)}]}$$

對於氯化銀固體而言，無論在平衡時有多少固態的氯化銀存在，其濃度恆為定值，所以[$AgCl_{(s)}$]為一常數，可將其與 K 值合併，而產生 K_{sp}（溶解度積）。

$$K_{sp} = K[AgCl_{(s)}] = [Ag^+][Cl^-]$$

若以 A_mB_n 代表一般的鹽分子。

$$A_mB_{n(s)} \xrightleftharpoons[\text{結晶}]{\text{溶解}} mA^{n+}_{(aq)} + nB^{m-}_{(aq)}$$

其溶解度積：

$$K_{sp} = [A^{n+}]^m[B^{m-}]^n$$

常見之微溶性鹽 K_{sp} 值（由小而大的次序）列於表 6-10。

表 6-10　一些鹽的溶解度積常數(K_{sp})（於 25℃）

	鹽	化學式	K_{sp}		鹽	化學式	K_{sp}
1	硫化汞	HgS	1.6×10^{-54}	16	氫氧化鎂	$Mg(OH)_2$	8.9×10^{-12}
2	硫化銀	Ag_2S	5.5×10^{-51}	17	鉻酸鋇	$BaCrO_4$	8.5×10^{-11}
3	氫氧化鐵	$Fe(OH)_3$	6×10^{-38}	18	氯化銀	AgCl	1.7×10^{-10}
4	硫化銅	CuS	8×10^{-37}	19	氟化鈣	CaF_2	1.7×10^{-10}
5	氫氧化鋁	$Al(OH)_3$	5×10^{-33}	20	草酸鈣	$Ca(COO)_2$	1.3×10^{-9}
6	硫化鉛	PbS	7×10^{-29}	21	硫酸鋇	$BaSO_4$	1.5×10^{-9}
7	硫化鎘	CdS	1×10^{-28}	22	碳酸鈣	$CaCO_3$	4.7×10^{-9}
8	硫化亞錫	SnS	1×10^{-26}	23	氟化鎂	MgF_2	8×10^{-8}
9	硫化鋅	ZnS	1×10^{-22}	24	硫酸鍶	$SrSO_4$	7.6×10^{-7}
10	溴化亞汞	Hg_2Br_2	7.3×10^{-22}	25	硫酸鈣	$CaSO_4$	2.4×10^{-5}
11	硫化鎳	NiS	3×10^{-21}	26	鉻酸鍶	$SrCrO_4$	3.6×10^{-5}
12	氫氧化銅	$Cu(OH)_2$	1.6×10^{-19}	27	草酸鎂	$Mg(COO)_2$	8.6×10^{-5}
13	硫化亞鐵	FeS	4×10^{-19}	28	氫氧化鍶	$Sr(OH)_2$	3.2×10^{-4}
14	氯化亞汞	Hg_2Cl_2	1×10^{-18}	29	氫氧化鋇	$Ba(OH)_2$	5×10^{-3}
15	溴化銀	AgBr	5×10^{-13}	30	過氯酸鉀	$KClO_4$	1×10^{-2}

例題 6-7

25℃ 時，鉻酸鋇($BaCrO_4$)在水中的溶解度為 9.21×10^{-6}M，求其 K_{sp}。

解 $BaCrO_4 \rightleftharpoons Ba^{2+} + CrO_4^{2-}$

$$K_{sp} = [Ba^{2+}][CrO_4^{2-}]$$
$$= (9.21 \times 10^{-6})^2$$
$$= 8.48 \times 10^{-11}$$

例題 6-8

混合 2×10^{-4}M 硝酸銀水溶液[$AgNO_{3(aq)}$] 100 mL 和 3×10^{-5}M 食鹽水 [$NaCl_{(aq)}$] 100 mL，是否有氯化銀(AgCl)的沉澱產生？（AgCl 之 K_{sp} 為 1.7×10^{-10}）

解 混合液中：

$$[Ag^+] = 2 \times 10^{-4}\,M \times \frac{100}{200}$$

$$= 1 \times 10^{-4}\,M$$

$$[Cl^-] = 3 \times 10^{-5}\,M \times \frac{100}{200}$$

$$= 1.5 \times 10^{-5}\,M$$

$$AgCl \rightleftharpoons Ag^+ + Cl^-$$

$$K_{sp} = [Ag^+][Cl^-]$$

$$\therefore [Ag^+][Cl^-] = (1 \times 10^{-4}) \times (1.5 \times 10^{-5})$$

$$= 1.5 \times 10^{-9} > K_{sp}(1.7 \times 10^{-10})$$

$\therefore$ 有 AgCl 沉澱產生

 學習評量

1. 請說明有關三種酸鹼的定義並各舉例說明之。

2. 在 25°C 時，5M 氨(NH_3)水溶液的解離度(α)為 20%，試求：

(1) 平衡時，$[OH^-]=$ ？

(2) 氨的解離平衡常數(K_b)為何？

3. 寫出下列方程式之反應物何者為酸？何者為鹼？

(1) $HBr + H_2O \rightleftharpoons H_3O^+ + Br^-$

(2) $CN^- + H_2O \rightleftharpoons HCN + OH^-$

(3) $NH_4^+ + OH^- \rightleftharpoons NH_3 + H_2O$

4. 指出下列酸的共軛鹼：

(1) H_3PO_4　(2) HS^-　(3) HSO_4^-　(4) NH_4^+。

5. 指出下列鹼的共軛酸：

(1) OH^-　(2) HPO_4^{2-}　(3) NO_3^-　(4) H_2O。

6. 試求下列水溶液在 25°C 時的 pH 值：

(1) 0.0001 M KOH

(2) 0.01 M HNO_3

(3) 0.001 M HCl

(4) 0.02 M 某單質子酸(HA) 解離度(α)為 5%

7. 在 25°C 下，試完成下列表格：

$[H_3O^+]$	$[OH^-]$	pH	酸性、鹼性或中性
	1×10^{-5} M		
		4	
1×10^{-6}M			
1×10^{-11}M			

8. 20 mL 的 0.2M H_3PO_4 溶液需用多少 0.1M NaOH 溶液才能中和？

9. 30 mL 的 0.35N HCl 溶液可以中和 20mL 未知濃度的 $Ca(OH)_2$ 溶液，試求 $Ca(OH)_2$ 的濃度 $N=$？$M=$？

10. 在 1,000 mL 水中，碳酸鈣$(CaCO_3)$的溶解度為 $6.9×10^{-3}$g，試求其 K_{sp}？

11. 等體積混合 $8×10^{-7}$M 硝酸銀$(AgNO_3)$水溶液和 $4×10^{-6}$M 溴化鉀(KBr)水溶液，是否有溴化銀$(AgBr)$的沉澱產生？（AgBr 之 K_{sp} 為 $5×10^{-13}$）

CHAPTER

07 有機化學

　　有機化學就是研究含碳化合物的科學，即是以碳(C)、氫(H)為主體所形成的化合物，有些包含氧(O)、氮(N)、硫(S)、鹵素(F、Cl、Br、I)等的衍生物，目前有機化合物的總數已超過一千萬種。日常生活中所使用的物品，例如食品（醣類、蛋白質等）、燃料（汽油）、衣服（天然纖維、人造纖維）、橡膠（輪胎）、塑膠、調味品（味素）、香料、染料、清潔劑（界面活性劑）、醫藥品（感冒藥、毒品）等，甚至於 DNA 的組成都與有機化合物有密切的關係。研究有機化學除了可以瞭解天然物質的物性與化性外，並且可以人工合成方法製造大量物品以增進人類的生活。

7-1　有機化合物
(Organic Compounds)

　　十八世紀前人類對於使用的化合物是依照來源區分：

1. **有機化合物**：源自生命體，即由動物或植物所產生。除了一氧化碳(CO)、二氧化碳(CO_2)、碳酸根離子、氰離子、硫氰酸離子、二硫化碳以外凡含碳－氫的化合物稱之。

2. **無機化合物**：源自礦物。除了有機化合物以外，其他不含碳－氫的化合物稱之。

　　因此認為人類無法製造有機化合物，必須藉由有機體的生命力才能得到。直到 1828 年，德國化學家夫理瑞克－佛勒(Friedrick Wöhler)發現體內代謝物－尿素可經由無機化合物製造出來，如下所示，才確立人類也可以製造出有機化合物。

$$2KCNO + (NH_4)SO_4 \xrightarrow{\triangle} K_2SO_4 + 2NH_4CNO$$

　　氰酸鉀　　硫酸銨　　　　　硫酸鉀　　氰酸銨

$$NH_4CNO \xrightarrow{\triangle} O=C\begin{cases} NH_2 \\ NH_2 \end{cases}$$

　　　氰酸銨　　　　　　尿素

一、結　構

　　碳為 IVA 族，一般以共價鍵型式與其他元素結合，而在有機化合物中，碳為 SP^3 混成軌域時可與四個元素相接，全部為單鍵，形成正四面體結構。碳為 SP^2 混成軌域時可與三個元素相接，與氫或另一 SP^3 碳結合為單鍵，與 SP^2 碳或氧或氮結合為雙鍵，形成平面三角形結構。碳為 SP 混成軌域時可與二個元素相接，與氫或另一 SP^3 碳結合為單鍵，與 SP 碳或氮結合為參鍵，形成直線形結構。

A. 結構式

　　將有機化合物各相連元素以簡單的線條表示，共有三種結構式表示法以丁烷為例如下所示。

$$
\begin{array}{ccccccc}
& H & & H & & H & & H \\
& | & & | & & | & & | \\
H - & C & - & C & - & C & - & C - H \\
& | & & | & & | & & | \\
& H & & H & & H & & H \\
\end{array}
\qquad \text{展開結構式}
$$

$$CH_3 - CH_2 - CH_2 - CH_3 \qquad \text{簡縮結構式}$$

 最簡結構式

B. 異構物

　　指分子式相同而構造式不同的化合物。

1. **結構異構物**：分子中的原子排列具有不同的相對位置。

　　(1) **骨架異構物**：碳鏈上所接的取代基結構的不同，如 C_5H_{12}。

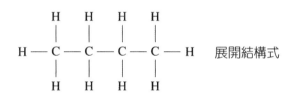

(2) **官能基異構物**：官能基不同，官能基即是能表現出化合物特性的原子團或元素，往往是該化合物進行反應的所在，命名時也是以官能基為主。以含氧的官能基為例，如表 7-1。

表 7-1

組別	類別	官能基	官能基名	結構	例子
第一組	醇類	$-OH$	羥基	$R-OH$	$CH_3-CH_2-CH_2-OH$
	醚類	$-O-$	氧原子	R_1-O-R_2	$CH_3-O-CH_2-CH_3$
第二組	醛類	$\overset{O}{\underset{\|}{-C-H}}$	羰基	$\overset{O}{\underset{\|}{R-C-H}}$	$\overset{O}{\underset{\|}{CH_3-CH_2-C-H}}$
	酮類	$\overset{O}{\underset{\|}{-C-}}$	羰基	$\overset{O}{\underset{\|}{R_1-C-R_2}}$	$\overset{O}{\underset{\|}{CH_3-C-CH_3}}$
第三組	酸類	$\overset{O}{\underset{\|}{-C-OH}}$	羧基	$\overset{O}{\underset{\|}{R-C-OH}}$	$\overset{O}{\underset{\|}{CH_3-CH_2-C-OH}}$
	酯類	$\overset{O}{\underset{\|}{-C-O-}}$	酯基	$\overset{O}{\underset{\|}{R_1-C-O-R_2}}$	$\overset{O}{\underset{\|}{CH_3-C-O-CH_3}}$

(3) **位置異構物**：取代基（官能基）的位置不同，如苯的雙取代基異構物如下：

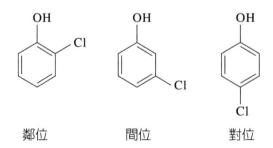

鄰位　　　　　間位　　　　　對位

2. **立體異構物**：分子中的原子順序相同但在空間的相對排列不同。

   (1) **幾何異構物**：因幾何位置不同的異構物，如烯類化合物中順反異構物。

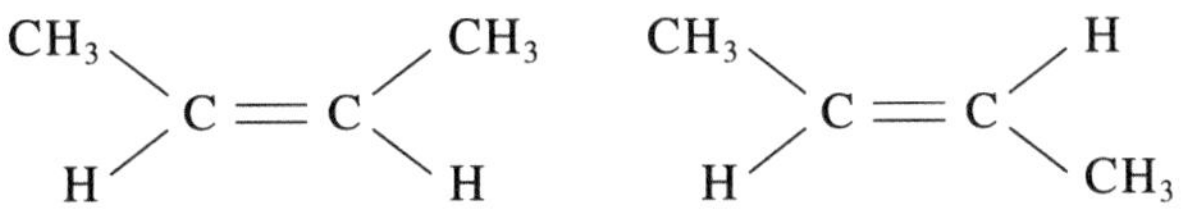

順-2-丁烯　　　　　　　　反-2-丁烯

   (2) **鏡像異構物**：左右對稱，但無法重疊的化合物，一般天然物大部分都是以一種鏡像異構物存在。

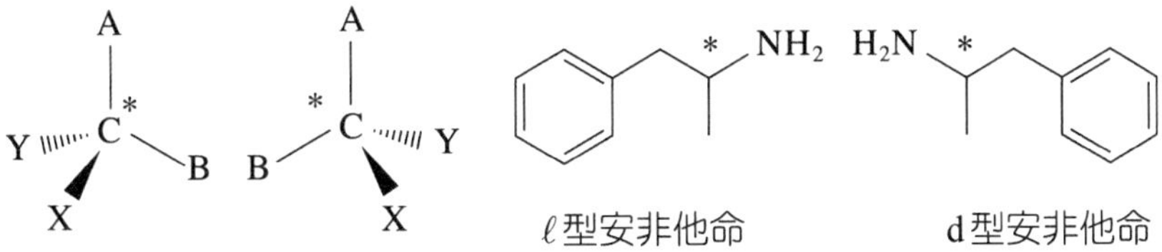

ℓ型安非他命　　　　　　　d型安非他命

二、常見的有機反應

A. 加成反應

當兩個反應物(A、B)作用後僅形成單一的產物(C)，其中反應物的原子均在產物的分子中，則此過程稱為加成反應，其情形可用下式表示。

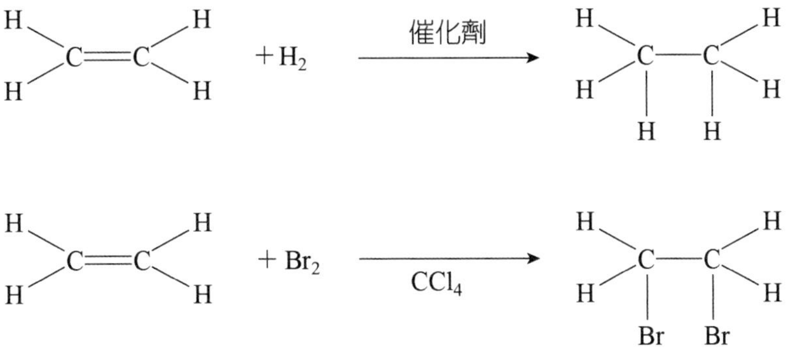

B. 脫去反應

為一個反應物(A)分裂成兩個以上(B、C)產物的步驟。

$$\underset{\substack{H\\H}}{\overset{\substack{H\\|}}{C}}\!\!-\!\!\underset{\substack{H\\Br}}{\overset{\substack{H\\|}}{C}} \xrightarrow{\text{KO}^t\text{Bu}} \underset{H}{\overset{H}{C}}\!\!=\!\!\underset{H}{\overset{H}{C}} \quad +\,HBr$$

C. 取代反應

又稱**置換反應**，為兩個反應物的原子或原子團相互交換而得到新產物的過程。

$$\underset{\substack{H\\H}}{\overset{\substack{H\\|}}{C}}\!\!-\!\!\underset{\substack{H\\Br}}{\overset{\substack{H\\|}}{C}} +\,\text{NaOCH}_3 \longrightarrow \underset{\substack{H\\H}}{\overset{\substack{H\\|}}{C}}\!\!-\!\!\underset{\substack{H\\OCH_3}}{\overset{\substack{H\\|}}{C}}$$

D. 重組反應

當分子進行化學鍵或原子的重新排列而得到另一化合物的過程稱為重組反應，如順-2-丁烯在酸的催化下可重組為反-2-丁烯，如下所示，即為常見的重組反應的例子。

$$\underset{\substack{H\\\,}}{\overset{\substack{CH_3\\\,}}{C}}\!\!=\!\!\underset{\substack{H\\\,}}{\overset{\substack{CH_3\\\,}}{C}} \xrightarrow{\triangle} \underset{\substack{H\\\,}}{\overset{\substack{CH_3\\\,}}{C}}\!\!=\!\!\underset{\substack{CH_3\\\,}}{\overset{\substack{H\\\,}}{C}}$$

順-2-丁烯　　　　　　　　　　　　　　反-2-丁烯

7-2 烴 (Hydrocarbon)

一、烴的分類(Classification of Hydrocarbon)

只含碳 (C) 和氫 (H) 兩種元素的有機化合物稱為**碳氫化合物** (hydrocarbon)，簡稱為**烴**（音ㄊㄧㄥ）。烴依其反應特性可分為脂肪族烴與芳香族烴。而脂肪族烴再依結構差異，可分為兩大類：

1. 其 C 原子依開鏈(open-chain)排列者，稱為**鏈狀烴**(chain hydrocarbon)。

2. 其 C 原子成環狀排列者，稱為**環狀烴**(cyclic hydrocarbon)。

鏈狀烴和環狀烴再分為飽和烴和不飽和烴，凡烴分子中各 C 原子間均以單鍵(C-C)連接者為**飽和烴**；而 C 原子間有雙鍵(C=C)或參鍵(C≡C)結構者為**不飽和烴**。各種烴的系別、通式和最簡單化合物列於表 7-2。

表 7-2 烴的分類

系別				通式	最簡單化合物
烴	脂肪族烴	鏈狀烴	飽和烴—烷系烴	C_nH_{2n+2}	CH_4
			不飽和烴—烯系烴	C_nH_{2n}	C_2H_4
			不飽和烴—炔系烴	C_nH_{2n-2}	C_2H_2
		環脂烴	飽和環脂烴—環烷系烴	C_nH_{2n}	C_3H_6
			不飽和環脂烴—環烯系烴	C_nH_{2n-2}	C_3H_4
			不飽和環脂烴—環炔系烴	C_nH_{2n-4}	C_8H_{12}
	芳香族烴	苯系烴		C_nH_{2n-6}	C_6H_6
		萘系烴		C_nH_{2n-12}	$C_{10}H_8$
		蒽系烴		C_nH_{2n-18}	$C_{14}H_{10}$

二、烷系烴(Alkane)

烷(ㄨㄢˊ)系烴分子內的 C 原子都以單鍵相連接，餘鍵則與 H 原子結合，對 H 來說達完全飽和，故稱**烷類**，通式為 C_nH_{2n+2}，n 代表 C 原子數。烷類的沸點、熔點、比重等均隨 n 值的增加而遞增。C 原子數 1~4 者，在常溫時為無色氣體，C 原子數 5~17 者為液體，C 原子數 18 以上者為固體，一般稱之為**石蠟**(paraffin wax)。烷系烴中各化合物的分子式，依序相差 CH_2，彼此之間互稱**同系物**(homologues)。烷類為天然氣和石油的主要成分，其高級（指分子量大）同系物為石蠟，故亦稱為石蠟系烴。

烷類的化性安定，和一般的酸類、鹼類、氧化劑、還原劑等不起作用。不溶於 H_2O，能溶於酯、乙醚等有機溶劑中。能燃燒生成 CO_2 和 H_2O（水蒸氣），也能被鹵素取代生成鹵化物，如：

$$CH_4 + Cl_2 \xrightarrow{\text{日光}} CH_3Cl + HCl\uparrow$$
$$\text{一氯甲烷}$$

H 原子被取代後的烴部分稱為**烷基**(alkyl group)，如 CH_3- 稱為**甲基**(methyl group)，C_2H_5- 稱為**乙基**(ethyl group)。

烷類中最小的分子為甲烷(CH_4)，多存於天然氣中，煤礦坑中有時發生爆炸，就是由於 CH_4 和空氣混合遇火所致。池沼中的植物腐敗時也會產生 CH_4，故亦稱**沼氣**。農村的豬糞發酵以後也可以產生甲烷，可供家庭燃料及小型發電之用。CH_4 為無色、無臭、無味的氣體，比空氣輕，難溶於 H_2O，燃燒時放出大量的熱：

$$CH_4 + 2O_2 \longrightarrow CO_2\uparrow + 2H_2O\uparrow \qquad \Delta H = -212.8\text{Kcal}$$

甲烷為優良的燃料，並可用以製造氯仿($CHCl_3$)可作麻醉劑、四氯化碳(CCl_4)可作溶劑和乾洗劑、滅火劑、氟氯烷(freon, CCl_2F_2)為優良的冷凍劑。

表 7-3 一些烷類的性質（表中所列者均為正烷）

名稱	分子式	沸點(°C)	熔點(°C)
甲烷(methane)	CH_4	−162.0	−182
乙烷(ethane)	C_2H_6	−88.0	− 183
丙烷(propane)	C_3H_8	−42.0	−188
丁烷(butane)	C_4H_{10}	−1	−140
戊烷(pentane)	C_5H_{12}	36.0	−130
己烷(hexane)	C_6H_{14}	69.0	−94
庚烷(heptane)	C_7H_{16}	98.0	−90
辛烷(octane)	C_8H_{18}	126.0	−57
壬烷(nonane)	C_9H_{20}	151.0	−51
癸烷(decane)	$C_{10}H_{22}$	174.0	−31
十一烷(undecane)	$C_{11}H_{24}$	196.0	−27
十二烷(dodecane)	$C_{12}H_{26}$	215.0	−12
十八烷(octadecane)	$C_{18}H_{38}$	316.0	28
二十烷(eicosane)	$C_{20}H_{42}$	343.0	37

三、烷類的 IUPAC 命名(IUPAC Name for Alkane)

　　早期的有機化合物數量少，命名沒有一定標準，許多以俗名表示來源，如蟻酸(formic acid)來自螞蟻，但根據國際標準即為甲酸。目前主要以國際純粹化學與應用化學聯盟（簡稱 IUPAC）制定的系統命名法為準，為全球所通行；中文命名以教育部公布之「化學命名原則」為主。

　　IUPAC 的命名法則與教育部公布之「化學命名原則」基本要點如下：

1. 選擇最長的碳鏈為主鏈，十個碳以下者，以甲、乙…壬、癸命名之，如超過 10 個碳，則以國數字十一、十二等命名之。

$$\underset{1}{CH_3}-\underset{2}{CH_2}-\underset{3}{\underset{|}{CH}}-\underset{4}{CH_2}-\underset{5}{CH_2}-\underset{6}{CH_2}-\underset{7}{CH_3}$$
$$CH_3$$
（主鏈七個碳為庚烷）

$$\underset{1}{CH_3}$$
$$|$$
$$\underset{2}{CH_2}$$
$$|$$
$$\underset{3}{CH_3}-\underset{}{CH_2}-\underset{4}{\underset{|}{CH}}-\underset{5}{CH_2}-\underset{6}{CH_2}-\underset{7}{CH_2}-\underset{8}{CH_3}$$
$$CH_3$$
（主鏈八個碳為辛烷）

2. 主鏈上有取代基時，從最接近取代基的一端，給予阿拉伯數字編號，以取代基編號越小越好。

$$\underset{1}{CH_3}-\underset{2}{CH_2}-\underset{3}{\underset{|}{CH}}-\underset{4}{CH_2}-\underset{5}{CH_2}-\underset{6}{CH_2}-\underset{7}{CH_3}$$
$$CH_3$$
3-甲基庚烷　（O）

$$\underset{7}{CH_3}-\underset{6}{CH_2}-\underset{5}{\underset{|}{CH}}-\underset{4}{CH_2}-\underset{3}{CH_2}-\underset{2}{CH_2}-\underset{1}{CH_3}$$
$$CH_3$$
5-甲基庚烷　（×）

3. 有相同取代基二個以上時，以國數字二、三等表示取代基之數目，並以阿拉伯數字表示其位置。

$$\begin{array}{ccccccc} & CH_3 & & & CH_3 & & \\ & | & & & | & & \\ \underset{1}{CH_3}-\underset{2}{\underset{|}{C}}-\underset{3}{CH_2}-\underset{4}{CH_2}-\underset{5}{CH}-\underset{6}{CH_2}-\underset{7}{CH_3} \\ & CH_3 & & & & & \end{array}$$
2,2,5-三甲基庚烷

4. 取代基應按其英文字母次序排列，乙基(ethyl)寫在甲基(methyl)前面。

$$CH_3-\underset{2}{\underset{|}{CH}}-\underset{3}{CH_2}-\underset{4}{CH_2}-\underset{5}{\underset{|}{CH}}-\underset{6}{CH_2}-\underset{7}{CH_2}-\underset{8}{CH_3}$$

上 CH_3 在2， CH_2-CH_3 在5。

5-乙基-2-甲基辛烷

5. 結構式的描畫：4-乙基-2,3-二甲基庚烷(2,3-dimethylheptane)。

4	乙基	2,3	二(di)	甲基(methyl)	庚(hept)	烷(ane)
取代基在碳4	C_2H_5- 烷基	取代基在碳2與碳3	兩個相同取代基	CH_3- 烷基	主鏈有7個碳	C-C 單鍵

(1) 步驟 1：畫出主鏈的碳原子。

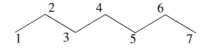

(2) 步驟 2：將取代基畫至其號碼所指的位置。

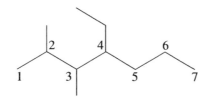

(3) 步驟 3：在每個碳原子加上正確數目的氫原子。

$$\begin{array}{c}
\quad\quad\quad\quad CH_3 \\
\quad\quad CH_3 \quad\quad CH_2 \\
\quad\quad | \quad\quad\quad | \\
\quad\quad CH \quad\quad CH \\
CH_3 \quad | \quad CH_2 \quad CH_2 \\
\quad\quad CH \quad\quad\quad\quad CH_3 \\
\quad\quad | \\
\quad\quad CH_3
\end{array}$$

表 7-4 碳鏈的根名及烷類的名稱

碳數	根名		烷類		
	中文	英文	分子式	中文	英文
1	甲	meth-	CH_4	甲烷	methane
2	乙	eth-	C_2H_6	乙烷	ethane
3	丙	prop-	C_3H_8	丙烷	propane
4	丁	buta-	C_4H_{10}	丁烷	butane
5	戊	penta-	C_5H_{12}	戊烷	pentane
6	己	hexa-	C_6H_{14}	己烷	hexane
7	庚	hepta-	C_7H_{16}	庚烷	heptane
8	辛	octa-	C_8H_{18}	辛烷	octane
9	壬	nona-	C_9H_{20}	壬烷	nonane
10	癸	deca-	$C_{10}H_{22}$	癸烷	decane
11	十一	undeca-	$C_{11}H_{24}$	十一烷	undecane
12	十二	dodeca-	$C_{12}H_{26}$	十二烷	dodecane
13	十三	trideca-	$C_{13}H_{28}$	十三烷	tridecane
14	十四	tetradeca-	$C_{14}H_{30}$	十四烷	tetradecane
20	二十	eicosa-	$C_{20}H_{42}$	二十烷	eicosane
30	三十	triaconta-	$C_{30}H_{62}$	三十烷	triacontane
40	四十	tetraconta-	$C_{40}H_{82}$	四十烷	tetracontane

四、烯系烴(Alkene)

　　烯（音ㄒㄧ）類含有雙鍵(C＝C)的碳鏈，因碳鏈(carbon chain)上所結合的 H 原子數比飽和烴（烷類）少，故稱為**不飽和烴**，其通式為 C_nH_{2n}。烯類分子式間也相差 CH_2 的同系物，其最簡物為乙烯(C_2H_4, ethylene)。

　　烯類的熔點、沸點均和其對應的烷類相似。$n \leq 4$ 者為氣體，$n = 5{\sim}17$ 者為液體，$n \geq 18$ 者為固體。表 7-5 列舉若干烯類的性質，烯類亦不溶於水，而可溶於有機溶劑中。

表 7-5 一些烯類的性質

名稱	結構式	沸點(°C)	熔點(°C)	密度（液態）(g/mL)
乙烯(ethylene)	$CH_2 = CH_2$	–202.4	–169.4	0.610
丙烯(propylene)	$CH_2 = CHCH_3$	–47.7	–185.0	0.610
1-丁烯 (1-butene)	$CH_2 = CHCH_2CH_3$	–6.5	–130.0	0.626
2-丁烯 (2-butene)	$CH_3CH = CHCH_3$	2.5	–127.0	0.642
甲基丙烯 (methylpropene)	$CH_2 = \overset{\overset{\textstyle CH_3}{\textstyle \vert}}{C} - CH_3$	–6.6	–140.0	0.623
1-戊烯 (1-pentene)	$CH_2 = CHCH_2CH_2CH_3$	30.1	–138.0	0.643
1-己烯 (1-hexene)	$CH_2 = CH(CH_2)_3CH_3$	63.5	–138.0	0.675

丁烯(butene)的同分異構物有 1-丁烯(1-butene)和順或反-2-丁烯(*cis* or *trans*-2-butene)：

烯類化合物其結構上最大的特徵是具有碳－碳雙鍵(C＝C)的結構，此碳－碳雙鍵為一個 σ 鍵和一個 π 鍵所構成，如圖 7-1 所示。而碳－碳雙鍵中 π 鍵的鍵結力較弱，所以具有較高的反應性，因此烯類的化性較烷類活潑，易進行**加成反應**(addition reaction)而生成飽和化合物，例如：

$$CH_2 = CH_2 + Br_2 \longrightarrow \begin{array}{cc} CH_2 - CH_2 \\ | \quad | \\ Br \quad Br \end{array}$$

$$CH_2 = CH_2 + H_2O \longrightarrow \begin{array}{cc} CH_2 - CH_2 \\ | \quad | \\ H \quad OH \end{array}$$

$$CH_2 = CH_2 + HCl \longrightarrow \begin{array}{cc} CH_2 - CH_2 \\ | \quad | \\ H \quad Cl \end{array}$$

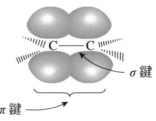

🔵 **圖 7-1** 烯類雙鍵的分子結構

　　平時利用溴水（呈紅色的四氯化碳溶液）的加成反應，來檢驗不飽和烴的存在，烯類可使其褪色，而炔類的褪色速度更快，但烷類則不反應，無褪色現象。

　　重要的烯類有：

A. 乙烯(CH₂＝CH₂, ethylene)

　　C_2H_4 為最簡單的烯系烴，多存於煤氣或煉油廢氣中，實驗室中可利用酒精加濃 H_2SO_4 脫水而製得：

$$\begin{array}{c} H \;\; H \\ | \;\; | \\ H - C - C - H \\ | \;\; | \\ H \;\; OH \end{array} \quad \xrightarrow[160° \sim 170℃]{濃\;H_2SO_4} \quad \begin{array}{c} H \;\; H \\ | \;\; | \\ H - C = C - H\uparrow + H_2O\uparrow \end{array}$$

　　　　乙醇　　　　　　　　　　　　　　乙烯

　　工業上，多由裂煉石油所得的煉油氣中分取之。

　　乙烯燃燒可產生大量的熱量：

$$CH_2 = CH_2 + 3O_2 \xrightarrow{\;\Delta\;} 2CO_2 \uparrow + 2H_2O \quad \Delta H = -337.2 Kcal$$

乙烯為無色、略帶臭味的氣體。瓦斯本來沒有臭味，為了讓漏氣時有所警覺，故加入乙烯及其他含硫氣體。$CH_2=CH_2$ 的主要用途為製造塑膠（如 PE，PVC）、合成纖維、酒精、煉製高級汽油等。

乙烯在高溫、高壓及適當催化劑作用下可聚合(polymerize)生成巨大分子量的聚乙烯（PE 即 poly ethylene）：

$$n \underset{\underset{H}{|}}{\overset{\overset{H}{|}}{C}}=\underset{\underset{H}{|}}{\overset{\overset{H}{|}}{C}} \xrightarrow[\text{催化劑}]{1000 \text{ atm}} \left(\underset{\underset{H}{|}}{\overset{\overset{H}{|}}{C}}-\underset{\underset{H}{|}}{\overset{\overset{H}{|}}{C}} \right)_n$$

PE

B. 丙烯(C$_3$H$_6$, propylene)

丙烯($CH_3-CH=CH_2$)的化性如同乙烯，在高溫、高壓下可聚合生成聚丙烯（PP 即 poly propylene）：

$$n \underset{\underset{CH_3}{|}}{\overset{\overset{H}{|}}{C}}=\underset{\underset{H}{|}}{\overset{\overset{H}{|}}{C}} \xrightarrow[\text{催化劑}]{\text{高溫、高壓}} \left(\underset{\underset{CH_3}{|}}{\overset{\overset{H}{|}}{C}}-\underset{\underset{H}{|}}{\overset{\overset{H}{|}}{C}} \right)_n$$

PP 亦為重要的塑膠原料，廣用於製造合成纖維、日常用具等。

五、炔系烴(Alkyne)

炔（音ㄑㄩㄝ）類含有參鍵($C≡C$)的碳鏈，因碳鏈上所結合的 H 原子非常缺少，故稱**炔類**，亦為不飽和烴。其通式為 C_nH_{2n-2}，表 7-6 列舉若干炔類的性質。

✦ 表 7-6　一些炔類之性質

名稱	結構式	沸點 (°C)	熔點 (°C)	密度（液態）(g/mL)
乙炔 (ethyne, acetylene)	CH≡CH	−83.5	—	0.618
丙炔 (propene)	HC≡C−CH₃	−23.3	−101.5	0.671
1-丁炔 (1-butyne)	HC≡C−CH₂CH₃	9.0	−122.5	0.668
1-戊炔 (1-pentyne)	HC≡C−CH₂CH₂CH₃	40.0	−98.0	0.695
2-戊炔 (2-pentyne)	H₃C−C≡C−CH₂−CH₃	55.0	−101.0	0.714

炔類化合物其結構上的最大特徵是具有碳－碳參鍵($C \equiv C$)的結構，此碳－碳參鍵為一個 σ 鍵和兩個 π 鍵所組成，如圖 7-2 所示。因炔類的參鍵中具有兩個鍵結力較弱的 π 鍵，故其化性比烷類、烯類更活潑，其加成反應如下：

$$CH\equiv CH + 2Br_2 \longrightarrow \begin{array}{c} Br \quad Br \\ | \qquad | \\ CH-CH \\ | \qquad | \\ Br \quad Br \end{array}$$

$$CH\equiv CH + 2HCl \longrightarrow \begin{array}{c} H \quad Cl \\ | \qquad | \\ CH-CH \\ | \qquad | \\ H \quad Cl \end{array}$$

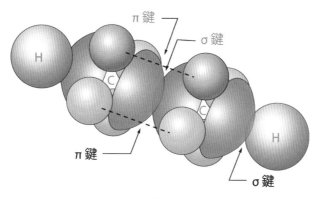

$$\text{π 鍵}$$
$$\text{σ 鍵}$$

H

C

C

H

π 鍵

σ 鍵

圖 7-2

乙炔(CH≡CH)為炔類中最簡單，且相當重要的化合物，因 C_2H_2 可以由電石（即碳化鈣，CaC_2）和水作用而製造，故俗稱**電石氣**：

$$CaO + 3C \xrightarrow{\Delta} CaC_2 + CO$$
$$CaC_2 + 2H_2O \xrightarrow{\Delta} CH \equiv CH + Ca(OH)_2$$

乙炔為無色、無臭、無味的氣體（但通常參雜有 C_2H_4 而稍帶臭味）。難溶於 H_2O，易溶於丙酮(acetone)。點火即燃燒，若與空氣混合再點火，則起爆炸。地攤常以尖嘴錫罐內裝電石，再加 H_2O，則產生 C_2H_2（乙炔）用以點燈。C_2H_2 又可供氧炔吹管（可產生 3,000°C 高溫），用來焊接金屬和切割鋼板。

乙炔和 HCl 作用得氯乙烯，氯乙烯可聚合成聚氯乙烯塑膠，稱為 PVC(poly vinyl chloride)：

$$H-C\equiv C-H + HCl \longrightarrow H-\underset{\underset{氯乙烯}{}}{C}=C-H$$

$$n\ H-C=C-H \xrightarrow{聚合} \left(\begin{array}{c} C-C \end{array} \right)_n$$

氯乙烯　　　　　　　　　PVC

六、烯類和炔類的 IUPAC 命名

(IUPAC Name for Alkene and Alkyne)

1. 選擇含碳碳雙鍵(C=C)或碳碳參鍵(C≡C)之最長碳鏈為主鏈，再將烷改成烯或炔。

$$\underset{1}{CH_2}=\underset{2}{\overset{\overset{\displaystyle CH_2-CH_3}{|}}{C}}-\underset{3}{CH_2}-\underset{4}{CH_2}-\underset{5}{CH_3} \quad (O)$$

$$\underset{1}{CH_2}=\underset{3}{\overset{\overset{\displaystyle \overset{2}{CH_2}-\overset{1}{CH_3}}{|}}{C}}-\underset{4}{CH_2}-\underset{5}{CH_2}-\underset{6}{CH_3} \quad (\times)$$

2. 以阿拉伯數字表示雙鍵(C=C)或參鍵(C≡C)的位置，雙鍵(C=C)或參鍵(C≡C)的編號越小越好（非取代基編號越小越好）。

$$\underset{1}{CH_2}=\underset{2}{C}-\underset{3}{CH_2}-\underset{4}{\overset{\overset{\displaystyle CH_3}{|}}{CH}}-\underset{5}{CH_3} \quad \text{4-甲基-1-戊烯} \quad (O)$$

$$\underset{5}{CH_2}=\underset{4}{C}-\underset{3}{CH_2}-\underset{2}{\overset{\overset{\displaystyle CH_3}{|}}{CH}}-\underset{1}{CH_3} \quad \text{2-甲基-4-戊烯} \quad (\times)$$

3. 有相同取代基二個以上時，以國數字二、三等表示取代基之數目，並以阿拉伯數字表示其位置。

$$\underset{7}{CH_3}-\underset{6}{CH}-\underset{5}{\overset{\overset{\displaystyle CH_3}{|}}{\underset{\underset{\displaystyle CH_3}{|}}{CH}}}-\underset{4}{CH_2}-\underset{3}{CH_2}-\underset{2}{C}\equiv\underset{1}{CH} \quad \text{5,6-二甲基-1-庚炔}$$

4. 取代基應按其英文字母次序排列，乙基(ethyl)寫在甲基(methyl)前面。

$$CH_3-\underset{7}{\underset{|}{CH}}-\underset{6}{CH_2}-\underset{5}{CH_2}-\underset{4}{\underset{|}{CH}}-\underset{3}{C}\equiv\underset{2}{C}-\underset{1}{CH_3}$$

4-乙基-7-甲基-2-辛炔

七、芳香烴(Aromatic Hydrocarbon)

芳香烴的特性是在其結構中均含有苯環(benzene ring)，其性質和苯(C_6H_6)相似。含兩個相連苯環者為萘($C_{10}H_8$, naphthalene)，含三個相連苯環者為蒽($C_{14}H_{10}$, anthracene)和菲($C_{14}H_{10}$, phenanthrene)。芳香烴的主要來源為石油和煤塔（coal tar 為煤乾餾後的產物）。

苯和其衍生物(Benzene and Its Derivative)

苯(C_6H_6, benzene)為最簡單的芳香烴，是一切芳香烴的基本架構。其環狀的分子中有三個碳－碳雙鍵($C=C$)。1865 年，德國化學家克庫爾提出苯的兩種結構，他認為這兩種結構是**互相共振**(resonance)，而使苯安定存在，常以結構(C)代表之：

(A)　　　　　　　(B)　　　　　(C)

雖然苯和烯類一樣有雙鍵，但由於苯的共振結構，使其呈現安定性，故苯不像烯類那樣活潑，也不像烯類那樣容易起加成反應，但易起**取代反應**(replacement reaction)。

苯俗稱**安息油**(benzol)，為無色、具有特臭的液體，其凝固點為 5.5°C，沸點為 80.1°C。苯為優良的有機溶劑，可溶解脂肪、橡膠、樹脂等有機物。苯可作為液體燃料。苯的化性安性，不易被氧化及還原，但易與鹵素(X_2)、

硝酸(HNO₃)、硫酸(H₂SO₄)等發生取代反應，形成許多有用的苯衍生物(the derivative of benzene)：

$$\bigcirc + Cl_2 \xrightarrow[40℃]{Fe\ 粉} \begin{array}{c} Cl \\ \bigcirc \end{array} + HCl$$

氯 苯
(Chlorobenzene)

$$\bigcirc + HNO_3 \xrightarrow[50℃]{濃\ H_2SO_4} \begin{array}{c} NO_2 \\ \bigcirc \end{array} + H_2O$$

硝基苯
(Nitrobenzene)

$$\bigcirc + H_2SO_4 \xrightarrow{\Delta} \begin{array}{c} SO_3H \\ \bigcirc \end{array} + H_2O$$

苯磺酸
（Benzene Sulfonic Acid）

　　苯在特殊條件下可發生加成反應(addition reaction)。在日光照射下，苯可與氯氣(Cl₂)作用生成六氯化苯(benzene hexachloride)，俗稱 B.H.C.，其分子式為 C₆H₆Cl₆，過去曾經是殺蟑螂良藥（橘紅色顆粒）。在高溫時，於鎳粉的催化下，苯可與氫氣(H₂)作用，生成環己烷(C₆H₁₂, cyclohexane)：

$$\bigcirc + 3Cl_2 \xrightarrow{日光} C_6H_6Cl_6$$

B.H.C.
（六氯化苯）

（即 　　 ）

$$\bigcirc + 3H_2 \xrightarrow[\Delta]{Ni\ 粉} C_6H_{12}$$

（即 ◯ ）
環己烷 (Cyclohexane)

172

7-3 醇、酚與醚
(Alcohol, Phenol and Ether)

　　烴分子中，一個或數個 H 原子被他種元素的原子或某種原子團所取代而生成的物質，稱為**烴的衍生物**(derivative of hydrocarbon)，重要者有醇(ㄔㄨㄣˊ)、酚(ㄈㄣ)、醚(ㄇㄧˊ)、醛(ㄑㄩㄢˊ)、酮(ㄊㄨㄥˊ)、有機酸和酯等七種。烴衍生物中，以某原子團取代 H 時，常賦予該衍生物具某種反應特性，此原子團稱為**官能基**，如醇中的羥(ㄑㄧㄤ)基(−OH)，有機酸中的羧(ㄙㄨㄛ)基(−COOH)等。具有相同官能基的烴衍生物，其化學性質也相似。

一、醇和酚(Alcohol and Phenol)

　　醇和酚的分子中均含羥基（即氫氧基−OH）。醇分子中的羥基(hydroxy group)連結在鏈狀烴上，含有一個羥基的鏈狀烴稱為一元醇(primary alcohol)，其通式為 ROH，R 代表鏈狀烴基，如 C_2H_5OH，CH_3OH 為一元醇。含有兩個羥基者為二元醇，如乙二醇($HO-CH_2-CH_2-OH$)。含有三個羥基者為三元醇，如丙三醇（俗稱甘油）。含有三個以上的羥基者稱為多元醇，如蔗糖、澱粉等。

　　酚類分子中的羥基是連結在苯環上，含有一個羥基的苯環稱為一元酚或苯酚。

A. 甲醇(Methanol)

　　甲醇(CH_3OH)為最簡單的一元醇，以前多從乾餾木材的餾出物中製得，俗稱**木精**(wood spirit)。目前一般的製法是在高溫、高壓，並有催化劑存在下，使一氧化碳和氫氣直接化合：

$$CO + 2H_2 \xrightarrow[\text{高壓　催化劑}]{300℃\sim400℃} CH_3OH$$

　　甲醇為無色液體，易溶於 H_2O。吸入其蒸氣或誤食者，輕者失明，重則喪命。燃燒發藍色火焰，生成 CO_2 和 H_2 蒸氣。

$$2CH_3OH + 3O_2 \xrightarrow{\Delta} 2CO_2 \uparrow + 4H_2O \uparrow$$

甲醇可用來製造甲醛(H－CHO)和其他有機化合物，CH_3OH 也是常用的有機溶劑。

B. 乙醇(Ethanol)

乙醇(C_2H_5OH)為酒類的主要成分，俗稱**酒精**(alcohol)。酒的釀造，將各種碳水化合物，如米、高粱、麥、玉米等富含澱粉的穀類煮成糊漿後，混入麥芽，使澱粉在55°C下受麥芽中糖化酵素(diastase)和麥芽酵素(maltase)的作用，分解成葡萄糖，再加入酒釀（含酒精酵素），或將含有葡萄糖的水果直接加入含酒精酵素的酵母菌發酵，則得酒精和 CO_2。

$$2(C_6H_{10}O_5)_n + nH_2O \xrightarrow{\text{糖化酵素}} nC_{12}H_{22}O_{11}$$
$$\text{澱粉} \qquad\qquad\qquad\qquad \text{麥芽糖}$$

$$C_{12}H_{22}O_{11} + H_2O \xrightarrow{\text{麥芽酵素}} 2C_6H_{12}O_6$$
$$\text{麥芽糖} \qquad\qquad\qquad \text{葡萄糖}$$

$$C_6H_{12}O_6 \xrightarrow{\text{酒精酵素}} 2C_2H_5OH + 2CO_2\uparrow$$

表 7-7　一般酒類的酒精含量

酒	乙醇含量(%)
啤酒	3~5
葡萄酒	5~15
清酒	8~12
紹興酒	12~15
威士忌和白蘭地	35~60
高粱酒和大麴酒	45~50

工業上製法，將乙烯($CH_2＝CH_2$)和濃 H_2SO_4 反應後，再水解：

$$CH_2＝CH_2 + H_2SO_4 \rightarrow CH_3CH_2OSO_3H$$
$$CH_3CH_2OSO_3H + H_2O \rightarrow C_2H_5OH + H_2SO_4$$

乙醇為無色、有芳香味的液體，可以任何比例和 H_2O 混合，其沸點為 78.4°C，凝固點為 −115°C，點火發淡藍色火焰燃燒：

$$C_2H_5OH + 3O_2 \xrightarrow{\Delta} 2CO_2 \uparrow + 3H_2O \uparrow$$

乙醇受氧化，先成乙醛，再成乙酸：

$$C_2H_5-OH \xrightarrow{\text{氧化}} CH_3-CHO \xrightarrow{\text{氧化}} CH_3-COOH$$
$$\quad\text{乙醇} \qquad\qquad\quad \text{乙醛} \qquad\qquad\qquad \text{乙酸}$$

乙醇為工業和實驗室常用的優良溶劑，醫藥上用為消毒劑，又因其具防腐性，可用來保存動物標本。乙醇又可用來製造乙醚、醋酸和其他有機化合物，酒精燈以乙醇為燃料。酒精的凝固點低，且膨脹均勻，可作低溫溫度計。

各國對飲用酒精均課以重稅，工業酒精則免稅，但加入少量甲醇和色素（粉紅色），具有毒性，不能飲用，稱之為**變性酒精**。藥用酒精含 95% 乙醇，若和石灰一起蒸餾可得**絕對酒精**。

C. 丙三醇(Glycerol)

丙三醇[$C_3H_5(OH)_3$]，俗名**甘油**(glycerol)，為一種三元醇，其構造如下：

$$
\begin{array}{c}
H \\
| \\
H-C-OH \\
| \\
H-C-OH \\
| \\
H-C-OH \\
| \\
H
\end{array}
$$

動、植物的油脂為丙三醇和各種高級脂肪酸所組合而成的化合物，若以過熱的水蒸氣通過牛油、豬油，使其油脂水解，可得丙三醇。以牛油和氫氧化鈉(NaOH)製造肥皂時，亦可得丙三醇。

丙三醇為無色、黏稠的液體，有甜味，但不可食用，可以和水自由混合，吸濕性很強，常用為潤膚劑、保濕劑及浣腸劑，其大量用途為製造硝化甘油（火藥）。

D. 苯酚(Phenol)

苯酚(〈◯〉−OH)為一元酚，酚中羥基(−OH)的 H 原子可以游離，其水溶液呈弱酸性，俗稱**石碳酸**：

$$\langle\bigcirc\rangle\text{-OH} \longrightarrow \langle\bigcirc\rangle\text{-O}^- + \text{H}^+$$
酚

酚多由煤溚分餾而得，為有特臭的晶體，純者無色，久觸日光，漸變淡紅色，需儲存於褐色瓶中，略溶於 H_2O，呈弱酸性，有殺菌力，廣用於消毒劑、防腐劑。酚和醛反應可製酚醛樹脂。

E. 甲酚(Cresol)

甲酚為有特臭的晶體，其化性和苯酚相似，有三種同分異構物，其構造式如下：

鄰−甲酚　　　　間−甲酚　　　　對−甲酚
(o-Cresol)　　　(m-Cresol)　　　(p-Cresol)

甲酚的主要用途為醫學上的消毒劑。

二、醚類(Ether)

醚類為醇類分子中羥基上的 H 原子被烷基取代而成的化合物，其通式為 R−O−R' (R 和 R'均代表烷基)：

$$C_2H_5\text{-O-}C_2H_5$$
乙醚

$$CH_3\text{-O-}CH_3$$
甲醚

$$CH_3\text{-O-}C_2H_5$$
甲乙醚

〈◯〉-O-CH_3
苯甲醚

乙醚(C₂H₅－O－C₂H₅, Diethyl Ether)

一般講 ether 是指乙醚。將乙醇和濃 H_2SO_4 混合加熱至 135~140°C，二分子的乙醇失去一分子的 H_2O 而成乙醚：

$$2C_2H_5OH \xrightarrow[135℃\sim140℃]{濃H_2SO_4} C_2H_5-O-C_2H_5 + H_2O$$
乙醇　　　　　　　　乙醚

乙醚為無色而有芳香味的液體，難溶於 H_2O，沸點為 34.6°C，極易揮發，極易引火，為良好的有機溶劑，可溶解脂肪、油漆、塑膠等有機物。過去的外科手術曾經用做麻醉劑。

7-4 醛與酮
(Aldehyde and Ketone)

醛(ㄑㄩㄢˋ)類和酮(ㄊㄨㄥˊ)類分子中均含羰(ㄊㄤ)基 $\overset{O}{\underset{}{(-\overset{\|}{C}-)}}$，故兩者的化性相似。醛類的通式為 $R-\overset{O}{\overset{\|}{C}}-H$，R 代表烷基。由於醛分子的羰基上帶有 H 原子，具有還原性。酮類的通式為 $R-\overset{O}{\overset{\|}{C}}-R'$，R 和 R'均代表烷基，兩者可能相同或不同，酮分子中的羰基上沒有 H 原子，不具還原性，這是醛與酮的最大差異處。

一、甲醛(Formaldehyde, H－CHO)

甲醛是醛類分子中最小的。一般製法是將甲醇(CH_3OH)和空氣混合，通過加熱的銅網或銀網，則甲醇藉 Ag 或 Cu 的催化作用，起有限度的氧化而生成甲醛：

$$2CH_3OH + O_2 \xrightarrow[250℃\sim300℃]{Cu網} 2H-CHO\uparrow + 2H_2O\uparrow$$

甲醛為無色氣體，有刺激性臭味，俗稱**蟻醛**。30~40%甲醛的水溶液稱為**福馬林**(formalin)，具有強殺菌力和防腐性，常用作解剖標本的防腐劑和

燻劑。甲醛有強還原性，其溶液和多倫試液共熱，則 Ag^+ 被還原析出，附於試管壁而成銀鏡(Ag)，稱為 **銀鏡反應**。

$$\underbrace{AgNO_3 + 3NH_4OH}_{} \rightarrow Ag(NH_3)_2OH + NH_4NO_3 + 2H_2O$$

　　多倫試液　　　　氫氧化二氨銀　硝酸銨

$$\underset{\text{甲醛}}{H-CHO} + 2Ag(NH_3)_2OH \longrightarrow \underset{\text{甲酸銨}}{H-COONH_4} + 2Ag\downarrow + 3NH_3\uparrow + H_2O$$

　　$H-CHO$ 和斐林試液作用，生成紅色的氧化亞銅(Cu_2O)沉澱。斐林試液包含 A 液和 B 液，A 液為酒石酸鉀鈉和 NaOH 的混合液，B 液為 $CuSO_4$ 溶液。A 液和 B 液分開放置，使用時將二液等量混合：

$$\begin{array}{c}
\text{COOK} \\
| \\
H-C-OH \\
| \\
H-C-OH \\
| \\
\text{COONa}
\end{array} + CuSO_4 \longrightarrow
\begin{array}{c}
\text{COOK} \\
| \\
H-C-O \\
\qquad\qquad Cu + H_2SO_4 \\
H-C-O \\
| \\
\text{COONa}
\end{array}$$

　酒石酸鉀鈉　　　硫酸銅

　　　　　斐林試液

$$H-CHO + 2\,
\begin{array}{c}
\text{COOK} \\
| \\
H-C-O \\
\qquad\qquad Cu + NaOH + H_2O \longrightarrow \\
H-C-O \\
| \\
\text{COONa}
\end{array}$$

$$H-COONa + 2\,
\begin{array}{c}
\text{COOK} \\
| \\
H-C-OH \\
| \\
H-C-OH \\
| \\
\text{COONa}
\end{array} + Cu_2O\downarrow$$

　甲酸鈉　　　　　　　　　　　氧化亞銅

　　銀鏡反應和斐林反應常用來區別醛類和酮類。因為葡萄糖是醛糖（含 $-CHO$ 基的醣），故糖尿病患者的尿液和斐林試液混合加熱會有混濁的磚紅色沉澱。

甲醛可作為消毒劑,又因其有凝固蛋白質的作用,常用作動物標本的防腐劑。H－CHO 可製造酚甲醛樹脂,稱為**電木**或**膠木**(bakelite),用作電器製品的絕緣物。

二、丙酮(Acetone)

丙酮(propanone, $CH_3-\overset{\overset{\displaystyle O}{\|}}{C}-CH_3$)為最簡單而且是最重要的酮類,俗稱**醋酮**(acetone),因其可由木材乾餾所得之醋酸製取。

氧化 2-丙醇:

$$2CH_3-\overset{\overset{\displaystyle H}{|}}{\underset{\underset{\displaystyle OH}{|}}{C}}-CH_3 + O_2 \xrightarrow{\text{Cu 網}} 2CH_3-\overset{\overset{\displaystyle \ }{\|}}{\underset{\underset{\displaystyle O}{\ }}{C}}-CH_3 + 2H_2O$$

2-丙醇 　　　　　　　　　　　丙酮

丙酮為無色、具芳香味的液體,易揮發（沸點為 56°C）,可溶於水、乙醇、乙醚、氯仿等有機溶劑中。丙酮本身為優良的有機溶劑,可用來溶解樹脂、壓克力、油漆、人造纖維、硝化纖維等。實驗室中常用以清洗試管等玻璃容器,可快速地除去水分,使之乾燥。

7-5 有機酸與酯
(Organic Acid and Ester)

一、有機酸(Organic Acid)

有機酸為含有羧(ㄙㄨㄛ)基(－COOH)的有機化合物,亦稱**羧酸**,其通式為 $R-\overset{\overset{\displaystyle O}{\|}}{C}-OH$,有機酸分子中含有一個羧基(－COOH)者為一元酸,如醋酸(CH_3-COOH)。含兩個羧基(－COOH)者為二元酸,如草酸[$(COOH)_2$]。含三個羧基(－COOH)者為三元酸,如檸檬酸[$HOCCO_2H(CH_2CO_2H)_2$]。

直鏈的有機酸，若 R 為烷基者，稱為**飽和脂肪酸**(saturated fatty acid)，如硬脂酸($C_{17}H_{35} - COOH$)。若為不飽和烷基者，則稱為**不飽和脂肪酸**(unsaturated fatty acid)，如花生油酸。

苯環上連接 $-COOH$ 基為**芳香酸**(aromatic acid)，其通式為 $Ar - COOH$，如 $\langle\bigcirc\rangle\text{-COOH}$ 為苯甲酸。

有機酸分子中的羧基($-COOH$)，在水溶液中可游離出氫離子(H^+)，但其游離度並不大，均為弱酸：

$$R - COOH \longrightarrow R - COO^- + H^+$$

A. 甲酸(Methanoic Acid)

甲酸($HCOOH$)為最簡單的有機酸，又稱**蟻酸**(formic acid)，最初是由紅螞蟻(red ant)的蒸餾液中得到，故名之。當我們在野外被蜜蜂或虎頭蜂螫了一口，皮膚立刻紅腫、疼痛（因注入甲酸），可塗抹阿摩尼亞（氨水，NH_4OH）以消腫止痛。

甲酸為無色液體，具有刺激性臭味，易溶於 H_2O 而呈弱酸性，會腐蝕皮膚。甲酸($H - COOH$)同時具有酸($R - COOH$)和醛($R - CHO$)的結構，

故具醛基($-\overset{\overset{\textstyle H}{|}}{C} = O$)的還原性，可和多倫試液反應產生銀鏡，和斐林試液反應產生 Cu_2O 的磚紅色沉澱。

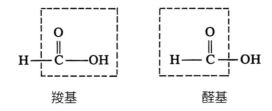

甲酸與濃 H_2SO_4 共熱，分解產生一氧化碳：

$$H - COOH \xrightarrow[\Delta]{濃H_2SO_4} H_2O + CO \uparrow$$

在實驗室中，可由草酸(oxalic acid)和甘油（當作觸媒）共熱而製得甲酸：

$$(COOH)_2 \xrightarrow[\text{甘油}]{\Delta} H-COOH + CO_2 \uparrow$$

　　草酸　　　　　　　　　甲酸

B. 乙酸(Enthanonic Acid)

乙酸(CH_3COOH)俗稱**醋酸**(acetic acid)，為食醋(vine gar)的主要成分。純粹無水的乙酸，俗稱**冰醋酸**(glacial acid)，冷到 17°C 以下，凝固成冰狀固體。食用醋的製法，將醋酸菌加入含澱粉質的物質中發酵，先生成乙醇，再被氧化生成醋酸：

$$CH_3-\overset{\displaystyle H}{\underset{\displaystyle H}{C}}-O-H + O_2 \xrightarrow{\text{醋酸菌}} CH_3-\overset{\displaystyle O}{C}-O-H + H_2O$$

食用醋內除含醋酸外，尚含有各種高級脂肪酸、酯類、蛋白質等物質，故芳香味美，其中約含 3~5%醋酸。

工業上常用合成法大量製造，乙炔和 H_2O 在 $HgSO_4$ 催化下，先合成乙醛，再經由 V_2O_5（五氧化二釩）的催化，使乙醛氧化成醋酸：

$$H-C\equiv C-H + H_2O \xrightarrow{HgSO_4} H-\overset{\displaystyle H}{\underset{\displaystyle H}{C}}-\overset{\displaystyle O}{C}-H$$

$$2H-\overset{\displaystyle H}{\underset{\displaystyle H}{C}}-\overset{\displaystyle O}{C}-H + O_2 \xrightarrow{V_2O_5} 2H-\overset{\displaystyle H}{\underset{\displaystyle H}{C}}-\overset{\displaystyle O}{C}-O-H$$

醋酸為無色液體，具有刺激性臭味，易溶於 H_2O 呈弱酸性，對皮膚具有腐蝕性。工業上用醋酸來製造丙酮、乙酸乙酯、醋酸纖維素、塑膠、橡膠等。

C. 乙二酸(Ethanedioic Acid)

乙二酸($\begin{matrix}\text{COOH}\\|\\\text{COOH}\end{matrix}$)為最簡單的二元酸，常存於酢漿草和一些植物中，俗稱**草酸**(oxalic acid)。可從酢漿草中抽取物蒸發濃縮後，成白色柱狀結晶析出，易溶於 H_2O 呈弱酸性，稍具毒性，且能刺激皮膚。

草酸和濃 H_2SO_4 共熱，分解為 CO_2、CO 和 H_2O：

$$\begin{matrix}\text{COOH}\\|\\\text{COOH}\end{matrix}\xrightarrow[\text{濃 }H_2SO_4]{\Delta} CO_2\uparrow+CO\uparrow+H_2O$$

草酸和甘油共熱，可製得甲酸：

$$\begin{matrix}\text{COOH}\\|\\\text{COOH}\end{matrix}\xrightarrow[\text{甘油}]{\Delta} H-COOH+CO_2\uparrow$$

乙二酸為一種還原劑，其水溶液可除去鐵鏽和墨水汙跡，廣用於染色和製革工業上。

D. 酒石酸(Tartaric Acid)

酒石酸其構造式如下：

$$\begin{matrix} & \text{H} \\ & | \\ \text{HO}- & \text{C}-\text{COOH} \\ & | \\ \text{HO}- & \text{C}-\text{COOH} \\ & | \\ & \text{H} \end{matrix}$$

酒石酸為二元酸，存於各種果實中，尤以葡萄汁最多，為無色結晶，易溶於 H_2O 而呈爽口的酸味，廣用於清涼飲料的製造原料。

E. 檸檬酸(Citric Acid)

檸檬酸其構造式如下：

$$
\begin{array}{c}
H \\
| \\
H-C-COOH \\
| \\
HO-C-COOH \\
| \\
H-C-COOH \\
| \\
H
\end{array}
$$

檸檬酸為三元酸，廣存於檸檬、柑、橘、柚子等果實中，為一無色晶體，易溶於 H_2O，有愉快、清涼的酸味，可供製造果汁、汽水等清涼飲料。

F. 乳酸(Lactic Acid)

乳酸即羥丙酸(hydroxy-propionic acid)，為乳類（如牛奶）中的乳糖受空氣中的乳酸菌作用，酸敗後的產物：

$$
C_{12}H_{22}O_{11} + H_2O \xrightarrow{\text{乳酸菌}} 4 \begin{array}{c} CH_3 \\ | \\ H-C-OH \\ | \\ COOH \end{array}
$$

乳糖
(Lactose)

乳酸

養樂多是用砂糖加入乳酸菌，使其發酵成乳酸，含有大量活性乳酸菌的飲料。我們吃飯，澱粉經消化成葡萄糖，稱為血糖(blood sugar)，其新陳代謝(metabolism)過程中會先分解為乳酸，再進一步完全分解為 CO_2、H_2O 和 ATP（一種化學能）。若肌肉運動過久，肌肉內累積過多的乳酸，來不及完全氧化，則會感覺肌肉痠痛，只要洗個熱水澡，再充分休息，就可回復。

G. 苯甲酸(Benzoic Acid)

苯甲酸($\bigcirc$-COOH)為最簡單的芳香酸，俗稱**安息香酸**。為白色、片狀晶體，有刺激性香氣，易揮發。微溶於冷水，易溶於熱水。有強防腐性，可供製造香料和染料，其鈉鹽常用為食物的防腐劑。

二、酯(Ester)

酯類為有機酸(R－COOH)中的氫氧基(－OH)被醇(R'－OH)中的烴氧基 (－OR')取代而生成的化合物。酯類的通式為 R－COOR'，其中 R 和 R' 均代表烷基，兩者可以相同或相異，所含的 $R-\overset{O}{\underset{||}{C}}-$ 稱為醯（音ㄒㄧ）基。 酯類是由有機酸和醇類反應而製得，為使酯類不致和 H_2O 起逆反應，需加 濃 H_2SO_4 以脫水：

$$R-\overset{O}{\underset{||}{C}}+O-H+H\cdot O^*R' \xrightarrow[\text{濃 } H_2SO_4]{\Delta} R-\overset{O}{\underset{||}{C}}-O^*-R'+H_2O$$

有機酸　　　　　　醇　　　　　　　　　　　酯　　　　水

其中 O*為 O^{18}，為放射性氧，由於產生的酯具有放射性，而脫出的 H_2O 沒有放射性，故在**酯化反應**(esterification)中所脫掉的 H_2O 分子，是由有機 酸中的 OH 和醇中的 H 結合形成的。

茲以醋酸和酒精產生酯化反應，其反應式如下：

$$CH_3-\overset{O}{\underset{||}{C}}+OH+H\cdot O-C_2H_5 \xrightarrow[\Delta]{\text{濃 } H_2SO_4} CH_3-\overset{O}{\underset{||}{C}}-O-C_2H_5+H_2O$$

醋酸　　　　　　　　酒精　　　　　　　　乙酸乙酯　　　　水

低分子量的酯，如香精；高分子量的酯，如蠟、油脂等。

A. 果香精和花香精(Fruit and Flower Perfume Spirit)

每一種水果和花都有其特殊的香氣，因含有不同的酯，稱為**果香精**(fruit perfume spirit)和**花香精**(flower perfume spirit)，均為**酯類**(ester)。這些果香 精和花香精除了可由天然的水果和花草提取外，也可用人工合成大量製 造，以供各種果汁、汽水、餅乾、糖果等之用，並可用作油漆的溶劑和製 造清漆、人造纖維、照相軟片、化妝品、香料、香水的原料。

🔬 **表 7-8** 數種常見的果香精和花香精

果香精	化學名稱	示性式	存在
香蕉精	乙酸戊酯	$CH_3COOC_5H_{11}$	香蕉
香蕉精	乙酸丁酯	$CH_3COOC_4C_9$	香蕉
鳳梨精	丁酸乙酯	$C_3H_7COOC_2H_5$	鳳梨
鳳梨精	丁酸甲酯	$C_3H_7COOCH_3$	鳳梨
杏仁精	丁酸戊酯	$C_3C_7COOC_5H_{11}$	杏仁
橙花精	乙酸辛酯	$CH_3COOC_8H_{17}$	橘、柑、橙
蘋果精	異戊酸異戊酯	$C_4H_9COOC_5H_{11}$	蘋果
茉莉花精	乙酸苯甲酯	$CH_3COOCH_2-\bigcirc$	茉莉花
冬綠花精	苯甲酸乙酯	$\bigcirc-COOC_2H_5$	冬綠花
草莓精	桂皮酸甲酯	$\bigcirc-CH=CH-COOCH_3$	草莓

B. 蠟(Wax)

　　飽和脂肪酸和一元醇所生成的高分子量酯類稱為**蠟**(wax)。為白色或黃色半透明固體，不溶於 H_2O，熔點為 50~70°C。常見的有鯨蠟($C_{15}H_{31}COOC_{16}H_{33}$)、蜂蠟($C_{15}H_{31}COOC_{30}H_{61}$)和蟲蠟($C_{25}H_{51}COOC_{26}H_{53}$)等。可供製造蠟燭、地板蠟、藥膏和工業上其他用途。

C. 油脂(Oil and Fat)

　　油脂為油和脂肪的總稱，植物油在常溫下為液體，動物脂肪在常溫下為固體。脂肪為飽和脂肪酸和丙三醇（甘油）化合而成的酯類，植物油為不飽和脂肪酸和甘油所成的酯類，兩者均為脂肪酸甘油酯，牛油的構造式：

$$\begin{array}{c}
\quad\quad\quad H \quad\quad\quad\quad O \\
\quad\quad\quad | \quad\quad\quad\quad\; || \\
H-C-O-C-C_{17}H_{35} \\
\quad\quad\quad\; O \\
\quad\quad\quad\; || \\
H-C-O-C-C_{17}H_{35} \\
\quad\quad\quad\; O \\
\quad\quad\quad\; || \\
H-C-O-C-C_{17}H_{35} \\
\quad\quad\quad | \\
\quad\quad\quad H
\end{array}$$

丙三醇部分　　飽和脂肪酸部分

　　油和脂肪均不溶於 H_2O，但能溶於乙醚、汽油、苯、四氯化碳等有機溶劑中。

　　牛油（或豬油）和 NaOH 溶液共熱，經**皂化反應**(saponification)生成甘油和肥皂（soap 為硬脂酸鈉），加 NaCl 使兩者分開，謂之**鹽析**(salting out)：

$$\begin{array}{c}
\quad\; H \quad\quad O \\
\quad\; | \quad\quad\; || \\
H-C-O-C-C_{17}H_{35} \\
\quad\quad\quad\; O \\
\quad\quad\quad\; || \\
H-C-O-C-C_{17}H_{35} + 3NaOH \\
\quad\quad\quad\; O \\
\quad\quad\quad\; || \\
H-C-O-C-C_{17}H_{35} \\
\quad\; | \\
\quad\; H \\
\text{牛油}
\end{array}
\xrightarrow{\Delta}
\begin{array}{c}
\quad\; H \\
\quad\; | \\
H-C-OH \\
\quad\; | \\
H-C-OH + 3C_{17}H_{35}COONa \\
\quad\; | \quad\quad\quad\quad\quad \text{肥皂} \\
H-C-OH \\
\quad\; | \\
\quad\; H \\
\text{甘油}
\end{array}$$

　　牛油和 KOH 溶液共熱，則得硬脂酸鉀（軟肥皂 soft soap 的分子式為 $C_{17}H_{35}COOK$），再加色素、香料可得洗澡用的香皂，若再加苯酚（⌬—OH）等消毒劑則成藥皂(medicine soap)，將植物油氫化可製人造奶油(margarine)，將大豆油(soy bean oil)氫化、脫色、脫臭、脫酸可精製成沙拉油。

學習評量

1. 以現代有機物與無機物的概念，判斷下列何者是有機物？

   (1) KCN (2) NH_3 (3) CH_3OH (4) $CaCO_3$ (5) C_5H_{12} (6) NaSCN (7) NaCl

   (8) $C_6H_{12}O_6$

2. (1) 何謂烴的衍生物？

   (2) 何謂官能基？

   (3) 舉例說明七種烴的衍生物，並標示其通式及官能基。

3. 寫出苯的共振結構。

4. 如何區別丙酮$(CH_3 - \overset{\overset{O}{\|}}{C} - CH_3)$和丙醛$(C_2H_5 - \overset{\overset{O}{\|}}{C} - H)$？

5. 試命名下列有機化合物：

   (1) $CH_3 - \underset{\underset{C_2H_5}{|}}{\overset{\overset{CH_3}{|}}{CH}} - CH - CH_2 - CH_2 - CH_2 - CH_3$

   (2) $CH_3 - CH_2 - \underset{\underset{CH_3}{\underset{|}{CH_2}}}{\overset{\overset{CH_3}{|}}{CH}} - CH - CH_2 - CH_2 - \underset{\underset{CH_3}{|}}{\overset{\overset{CH_3}{|}}{C}} - CH_3$

   (3) $CH_3 - CH_2 - CH_2 - \underset{}{\overset{\overset{CH_2 - CH_3}{|}}{CH}} - CH_3$

   (4) $CH_3 - CH = \underset{\underset{CH_2 - CH_3}{|}}{\overset{\overset{CH_3}{|}}{C}} - CH - CH_2 - CH_2 - \underset{\underset{CH_3}{|}}{\overset{\overset{CH_3}{|}}{C}} - CH_3$

$$(5)\ CH_3-CH_2-\underset{\underset{CH_3}{|}}{\overset{\overset{CH_3}{|}}{C}}=C-CH_2-\underset{\underset{CH_3}{}}{\overset{\overset{CH_3}{|}}{CH}}-CH_3$$

$$(6)\ CH_3-\underset{\underset{CH_3}{|}}{CH}-CH_2-C\equiv C-CH_3$$

$$(7)\ CH\equiv C-CH_2-\underset{\underset{CH_3}{|}}{\overset{\overset{CH_2-CH_3}{|}}{C}}-CH_2-CH_2-CH_3$$

$$(8)\ C_2H_5-\overset{\overset{O}{\|}}{C}-O-C_2H_5$$

$$(9)\ CH_3-\underset{\underset{\underset{CH_3}{|}}{CH_2}}{CH}-CH_2-\overset{\overset{O}{\|}}{C}-H$$

$$(10)\ CH_3-\underset{\underset{OH}{|}}{\overset{\overset{CH_3}{|}}{C}}-CH_2-CH_2-\underset{\underset{CH_3}{|}}{\overset{\overset{CH_3}{|}}{C}}-CH_3$$

$$(11)\ CH_3-CH_2-\underset{\underset{\underset{CH_3}{|}}{CH_2}}{CH}-CH_2-\overset{\overset{O}{\|}}{C}-OH$$

6. 畫出下列各 IUPAC 名稱的結構。

　　(1) 3,4-二甲基壬烷

　　(2) 3-乙基-4,4-二甲基庚烷

　　(3) 2,2,4-三甲基戊烷

　　(4) 2-甲基-1- 己烯

　　(5) 3-乙基-2,2-二甲基-3-庚烯

(6) 3-乙基-1-庚炔

(7) 3,3-二甲基-4-辛炔

7. 請寫出下列反應的產物。

(1) $CH_3 - CH = CH_2 + H - H \xrightarrow{Pt}$

(2) $CH_3 - CH = CH_2 + H - Cl \longrightarrow$

(3) $CH_3 - CH = CH_2 + Br - Br \longrightarrow$

(4) $CH_3 - C \equiv CH + 2H - Cl \longrightarrow$

8. 如何釀造酒?並寫出其釀造過程的化學反應式。

9. 列舉並說明數種常見的有機酸。

10. 何謂果香精?有何用途?

CHAPTER

08 生活中的物質

　　生活中人們每天在不經意的使用或食用大量物品，例如食品（醣類、蛋白質等）、燃料（汽油）、衣服（天然纖維、人造纖維）、橡膠（輪胎）、塑膠、調味品（味素）、香料、染料、清潔劑（界面活性劑）、醫藥品（感冒藥、毒品）等，但有多少人真正瞭解這些物品的來源與組成，以至於每隔一段時間總會有消費新聞報導因物品使用不當而引起的一些大大小小事件。以下介紹幾項常用物品以供大家參考。

8-1 石油與其煉製品
(Petroleum and Refining)

　　石油(petroleum)含有二十多種烴類的混合物，以烷系烴為其主成分。自油井初採出的原油（如圖 8-1(a)），是黃綠色或暗黑色的黏稠狀液體，經過分餾依各成分沸點的不同，由低溫至高溫，逐步將石油內的各個成分一一分開（如圖 8-1(b)、(c)）。

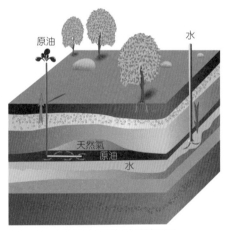

(a)石油層的地質概況

(b)原油的催化裂解廠

　圖 8-1

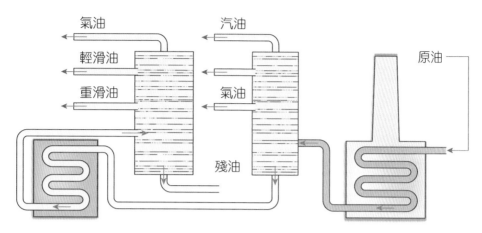

(c)原油分餾的簡圖

🔹 圖 8-1（續）

　　將原油變成各種成品的程序，叫做石油的精煉。其中最基本的步驟是分餾，其過程是先將原油氣化，導入分餾塔，依沸點範圍之不同，分離成各種產物，如汽油、煤油、柴油等。石油分餾中最重要的產物為汽油(gasoline)，其成分為 $C_6 \sim C_{12}$ 的烴類混合物，如表 8-1。其中最主要的成分為己烷(hexane, C_6H_{14})、庚烷(heptane, C_7H_{16})、辛烷(octane, C_8H_{18})和其同分異構物(isomers)。由於分餾得到的汽油量並不多，不敷市場需求，所以工業上運用熱裂解法或催化裂解法，將分子量較大的烴類煤油、柴油、重油等裂解成為分子量較小的含汽油成分的烴類，以增加汽油的產量，此方法稱為裂解法。

🌟 表 8-1　石油分餾的溫度、產物、成分及其用途

分餾產物	主要成分	分餾溫度(°C)	用途
氣體	$C_1 \sim C_4$	20 以下	燃料（也稱石油氣）
石油醚	$C_5 \sim C_6$	20~60	溶劑、乾洗用、燃料
輕油	$C_6 \sim C_{12}$	60~200	飛機、汽車等的燃料、溶劑
煤油	$C_{10} \sim C_{18}$	175~2,755	柴油機、噴射機、煤燈油的燃料
柴油	$C_{12} \sim C_{18}$	250~400	柴油機燃料
重油	C_{16} 以上	300 以上	燃料用（也稱燃料油）
潤滑油	$C_{16} \sim C_{20}$	350 以上	機械用潤滑劑

表 8-1 石油分餾的溫度、產物、成分及其用途（續）

分餾產物	主要成分	分餾溫度(°C)	用途
石蠟	$C_{20}\sim C_{30}$	50~60（熔點）	蠟燭、蠟紙
柏油（瀝青）	－	黏稠液體	鋪馬路、蓋屋頂
石油焦	－	固體	電極

　　汽油品質的評定常以**辛烷值**(octane number)的大小為依據，辛烷值越高的汽油，其性能越好。辛烷值較低的汽油易使汽車內燃機燃燒汽油時發生爆震現象。當初實驗是以異辛烷(i-C_8H_{18})的爆震性最小，正庚烷(n-C_7H_{16})最大，故以異辛烷的辛烷值為 100，正庚烷為 0。辛烷值只是一個相對指標，而不是真的只以正庚烷或異辛烷來混合，所以有些燃油再摻入其他添加劑時，其辛烷值可以超過 100。

$$\underset{\substack{\text{CH}_3 \\ |}}{\text{CH}_3-\text{CH}-\text{CH}_2-}\underset{\substack{| \\ \text{CH}_3}}{\overset{\substack{\text{CH}_3 \\ |}}{\text{C}}}-\text{CH}_3 \qquad \text{CH}_3\text{CH}_2\text{CH}_2\text{CH}_2\text{CH}_2\text{CH}_2\text{CH}_3$$

　　　　異辛烷　　　　　　　　　　　　正庚烷
（即 2, 2, 4－三甲基－戊烷）　　　　（辛烷值定為 0）
　　（辛烷值定為 100）

　　此外亦可藉由加入其他添加物而提升辛烷值。如早期的普通汽油辛烷值不高（約為 50），若再加入四乙基鉛[$Pb(C_2H_5)_4$]時，其辛烷值會提高至75 左右，此為有鉛汽油之來源，而為除去鉛在引擎內之沉積，會再加入二溴乙烷，與鉛作用產生二溴化鉛[$PbBr_2$]之微粒隨廢氣排放出來，進而造成環境汙染及危害身體健康。依據環保署 1999 年 3 月 2 日第 0012761 號函公告，2000 年 1 月 1 日起高級汽油屬易導致空氣汙染之燃料，應予管制使用及販賣。中油已於 1999 年 12 月 31 日停產高級汽油，故高級汽油已停止販賣。

　　目前市售 92、95、98 等級之無鉛汽油其辛烷值也是為 92、95、98，此類汽油含有高支鏈成分及更多芳香族成分之烴類，如苯、芳香烴、硫合物

等，已不含四乙基鉛，而是使用甲基第三丁基醚（MTBE 即 methyl tertiary butyl ether）、甲醇、乙醇、第三丁醇等添加物代替，其中使用最大量為 MTBE。選用汽油時，需考慮引擎構造是否適用該種汽油。

$$H-\underset{\underset{H}{|}}{\overset{\overset{H}{|}}{C}}-O-\underset{\underset{CH_3}{|}}{\overset{\overset{CH_3}{|}}{C}}-CH_3$$

甲基第三丁基醚
(MTBE)

8-2 化妝品
(cosmetic)

化妝品(cosmetic)是使用來修飾外表與保養肌膚，而根據我國「化妝品衛生管理條例」對化妝品的定義為：「本條例所稱化妝品，係指施於人體外部，以潤澤髮膚，刺激嗅覺，掩飾體臭或修飾容貌之物品。」凡是符合上述定義者皆可稱為化妝品。

依照官方的分類有 1.頭髮用化妝品類；2.洗髮用化妝品類；3.化妝水類；4.化妝用油類；5.香水類；6.香粉類；7.面霜乳液類；8.沐浴用化妝品類；9.洗臉用化妝品類；10.粉底類；11.唇膏類；12.覆膚用化妝品類；13.眼部用化妝品類；14.指甲用化妝品類；15.香皂類共 15 種之多，其種類包羅萬象，非常繁雜。

但業界是依照使用目的與消費者習慣分類則只分成六大類有：1.基礎化妝品（保養化妝品）；2.彩妝用化妝品；3.頭髮用化妝品；4.清潔用化妝品；5.芳香製品；6.特殊目的用化妝品等。

市面上的化妝品種類繁多，用來製造化妝品的原料也相當複雜，所以我們將簡單地介紹各種組成化妝品的原料、成品的功能及使用。對於原料有一定的認識後，才能選擇出適合我們的化妝品。由於化妝品使用在人體皮膚上因此原料的選擇需考慮以下條件：

1. 安全性：不會引起肌膚任何不適與副作用為原則。

2. 穩定性：不容易變質。

🔵 圖 8-2　各式各樣化妝品

3. 功能性：符合特定使用的目的如清潔、美白等效果。

4. 不含異味：不能造成使用者不舒服。

　　大部分的化妝品須靠界面活性劑(surfactant)的幫忙將油與水調配成溶液狀態發揮功能，而界面活性劑在化妝品中主要功能有：1.穩定劑型可以降低油水的界面張力減少油水分離的風險。2.擔任主劑在清潔用品中發揮去汙垢的功能。

　　要成為界面活性劑的基本條件有：1.同時具備親水基(hydrophilic group)與疏水基（或親油基）(lipophilic group)；2.分子量要夠大；3.親水基與疏水基的分子量要平均。

　　界面活性劑在化妝品中使用的種類有：1.陰離子型具有清潔作用；2.陽離子型具有殺菌、防霉、柔軟、潤滑與抗靜電等作用；3.兩性離子型毒性較小，在不同環境顯現不同作用，在鹼性下具有清潔與起泡作用；在酸性下具有殺菌、潤滑與抗靜電等作用；在中性時則有泡沫安定與增稠作用；4.非離子型具有溶解、潤濕與乳化等作用。

　　一般而言，化妝品原料的基本架構可分為三大類：（引用張麗卿編著：化妝品製造實務，台灣復文書局，1998）。

1. 基礎劑：(1)疏水性油脂蠟用於保養品；(2)親水性保濕劑用於保養品；(3)界面活性劑用於清潔製品；(4)不溶性粉體用於彩妝製品。

2. 賦型劑：乳化劑、溶化劑與高分子增稠劑等。

3. 添加劑：抗菌劑（防腐劑、殺菌劑），抗氧化劑，香料，色料與活性成分（保濕劑、美白劑、防曬劑、除皺劑及動植物萃取液等）。

　　活性成分原料是指具有特殊功能（如保濕、美白與甚至具有療效的藥物等）的原料，具有許多的來源：植物性、動物性、生化製劑等。

8-3 食　物
(Food)

　　人體的活動和生活都需要消耗能量，而能量的來源需依靠每日從食物中攝取醣類、脂肪和蛋白質，為了維持健康的身體，尚需攝取維生素、礦物質和水分，這六大營養要素都存於食物(food)中。不能偏食才能有均衡的營養。

A. 醣類(Carbohydrate)

　　人體所需的熱量和化學能(ATP)，主要由醣類所供給。尤其東方民族大多以米、麥為主食，其主要成分為澱粉，經消化酶水解成葡萄糖後，再氧化放出 CO_2、水蒸氣和熱量，以維持人體體溫(37°C)和活動所需的能量。動物體內，葡萄糖氧化產生能量的步驟非常複雜（需經乳酸這一階段），需要各種酵素參加反應，逐步釋放出能量。每 1 克醣類氧化可產生 4 仟卡(Kcal)的熱量。

B. 脂肪(Fat)

　　脂肪的發熱量最高，每 1 克脂肪氧化可產生 9.4 仟卡的熱量，脂肪也用來構成人體的組織。目前世界人口以 GP（等比級數）增加，而可耕面積只以 AP（等差級數）增加，無法跟上，若能發展畜牧業，以提供高能量的食物（肉類），如此可減少醣類的需要量，減少糧食不足的壓力。而醣類和蛋白質在體內可轉變成脂肪。

C. 蛋白質(Protein)

蛋白質是供給人體組織生長和促進新陳代謝（酵素）的必需品。我們應開發高蛋白的食物，如綠藻、大豆、酵母菌和肉類等，以改善部分東方人普遍蛋白質攝取不足，而造成國民健康不良的現象。人體所需熱能部分亦可由蛋白質提供，每 1 克蛋白質氧化可產生 4 仟卡(Kcal)的熱能。

D. 水(Water)

水(H_2O)為生物體養分和排泄物運輸的溶媒，並藉著血液循環全身，使人體的體溫保持在 36.5~37°C 左右。生物體內所有化學反應需在水溶液之中進行。若經常缺少水分，易得尿毒症，故我們除了可由日常食物、蔬菜、水果中攝取水分外，每一天仍應多喝開水，以維持正常的生理機能。

E. 礦物質(Mineral)

礦物質為生物體骨架的重要成分，並為生物體內各種化學物質的綜合元素。如鈣(Ca)、磷(P)可幫助人體的骨骼、牙齒和神經系統的正常生長。鐵(Fe)為紅血球中血紅素(Hb)的元素，如圖 8-3。菠菜含有豐富的鐵質。鎂(Mg)為葉綠素的成分。碘(I)為甲狀腺激素的成分，可預防甲狀腺腫大。鉬(Mo)、硫(S)為大豆根瘤菌固氮酶(nitrogen fixing enzyme)的重要成分。因此，礦物質雖然僅微量存於生物體內，但絕對不可缺少。

🔴 圖 8-3　血紅素分子結構式，實驗式為 $C_{34}H_{32}FeN_4O_4$

F. 維生素(Vitamin)

　　維生素可分水溶性維生素（如維生素 C、B）和脂溶性維生素（如維生素 A、D、E 等）存在於各種食物中，可作為酶催化反應的輔助劑。人體對維生素的需要量不多，但缺乏某種維生素會抑制某種酶催化反應的進行，而影響人體的成長，並降低人類對疾病的抵抗力。人體中最需要的有維生素 A、B₁、B₂、B₆、B₁₂、C、D、E 和 K 等，其來源、功能和缺乏時可能引起的病症說明如表 8-2。

　　維生素的主要成分為 C、H、O 和 N 等元素，為有機化合物，分子量不大，一般都小於 2,000。維生素 C 的結構式如圖 8-4 所示，為白色晶體，可由水果中攝取如柑、橘、柚、番茄、番石榴、檸檬等，也可以用化學合成法製取。

表 8-2　維生素的化學式、來源及功能

維生素	來源	在體內的功能	缺乏時所患病狀
A $C_{20}H_{29}OH$ 反－視網膜醇	魚肝油、肝、乳、蛋黃、蔬菜	促進生長、抗傳染病、抗眼疾、產生視紫素	夜盲、眼炎
B₁ 硫胺素 (thiamine) $C_{12}H_{18}ON_4SC_{12}$	酵母菌、穀類的糠、豌豆、蛋黃、乳、花生	促進生長、消化、食慾、抗神經疾病	食慾消失、倦怠、恐懼、神經炎、腳氣病
B₂ 核糖黃素 (riboflavin) $C_{17}H_{20}O_6N_4$	酵母菌、肝、魚、糖、腎、乳、蛋黃	預防並治療蜀黍疹（粗皮病）。幫助生長並使皮膚及眼睛保持健康	腹瀉、皮膚損害、黑舌病、精神紊亂、口角炎、皮膚炎、視力模糊或畏光、生長遲滯
B₆ 吡哆醇 (pyridoxine) $C_8H_{11}O_3N$	魚、肉、蛋黃、穀類	促進脂肪及蛋白質之正常代謝作用	皮膚炎、癲癇
B₁₂ $C_{63}H_{88}CON_{14}O_{14}P$	肝、蛋黃、肉	抗惡性貧血	惡性貧血

表 8-2　維生素的化學式、來源及功能（續）

維生素	來源	在體內的功能	缺乏時所患病狀
C 抗壞血酸 (ascorbic acid) $C_6H_8O_8$	橘科果品、草莓、番茄、綠色植物	促進健全組織及骨骼生長，使牙齒及齒齦健康、療傷	牙齦出血、軟骨、硬骨、牙齒結構有問題、壞血病
D_2 $C_{28}H_{43}OH$ D_3 $C_{27}H_{43}OH$	鱈、比目魚、鮪魚肝、乳、蛋黃、酵母菌、魚肝油、紫外線照射皮膚	控制身體的鈣及磷的平衡、軟骨症促進鈣固醇之生長	骨骼脆弱、齲齒、佝僂病
E $C_{29}H_{50}O_2$	麻油、玉蜀黍油、小麥胚油、花生油、綠色蔬菜	促進生殖細胞之代謝作用	不孕症、生殖組織退化
K_1 $C_{31}H_{46}O_2$	豬肝、葉菜類、蛋黃、魚、五穀的油	血液凝固所必需	凝血時間延長、出血

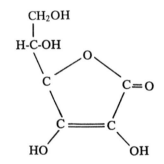

🔵 圖 8-4　維生素 C($C_6H_8O_6$)的結構式

8-4 藥 物
(Medicine)

　　藥物以治病為主，中藥主要以草藥治療，西藥則抽取或製造純的化學品，各有其優點。茲例舉若干類藥物，簡單說明如下：

A. 磺胺藥(Sulfoamide Drug)

多由化學方法合成，一般用來治療肺炎、各種壞疽、腦膜炎和血液中毒，其代表性藥物為胺苯磺醯胺。其基本作用為抑制葡萄球菌的生長而產生治療效果。

葡萄球菌需要對－胺苯甲酸和酶的作用才會生長、繁殖，而人體血液中都含有對－胺苯甲酸這種化合物，故感染葡萄球菌以後，病況容易蔓延。對－胺苯磺胺的形狀、大小和對－胺苯甲酸(PABA)十分相似：

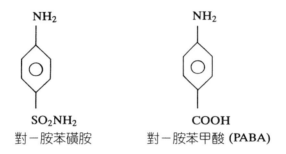

因此，使用對－胺苯磺胺治療時，其會和酶作用，而抑制 PABA 和酶的作用，使得葡萄球菌不能繁殖。如此，人體內的抗體便有機會消除葡萄球菌，而產生治療效果。但對－胺苯磺胺的藥性劇烈，會產生副作用，故化學家們進一步研製此類藥品的衍生物，以維持適當效力，同時降低副作用。

B. 抗生素(Antibiotic)

弗來明(Alexander Fleming)意外發現研究室內一片發霉的麵包，使他培養的細菌消失不見，而展開了抗生素的研究。抗生素為黴菌的分泌物，能抑制病菌的生長。抗生素的種類很多，如青黴素(Penicillin)、金黴素(Aureomycin)、鏈黴素(Streptomycin)和土黴素(Terramycin)等。多由各種黴菌培植、分離而得。最早製成並應用者為青黴素，俗稱盤尼西林，可治療肺炎、腹膜炎、腦膜炎、白喉、淋病和梅毒等。

黴菌為了能在大自然界中生存下去，體內分泌出可以殺死細菌的化學物質，以防衛自己，避免受到它們的大敵－細菌的攻擊。但其殺菌之原理還不清楚。Penicillin 為一雜環和多官能團的化合物（圖 8-5）：

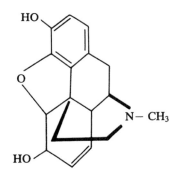

🔵 **圖 8-5**　青黴素 G (penicillin G)的分子構造

C. 植物鹼(Plant Alkaloid)

　　植物鹼是植物及少數動物體內具有生理活性的鹼性有機化合物，其分子主要由碳、氫及氮原子構成，作用於神經系統，常是許多草藥的有效或有毒成分，一般源自植物的各種器官，但通常以種子的濃度最高。在真菌以及雙子葉植物中較多，如豆科、茄科、防己科、罌粟科、毛茛科常見。4,000 種的植物中共含有超過 3,000 種植物鹼，而應用於臨床試驗的已經超過 80 種，如嗎啡(Morphine)（圖 8-6）、奎寧(Quinine)等。嗎啡存於鴉片中，亦可由合成法製得，為白色粉末，經醫師處方同意使用微量，可作為麻醉藥，用來止痛、鎮咳和催眠，但用久了會產生習慣性，並有副作用，影響消化、呼吸和神經系統的正常作用，故最好不要使用。

🔵 **圖 8-6**　嗎啡的分子構造（粗線代表立體結構）

　　海洛英(Heroin)（圖 8-7）為嗎啡的二乙醯衍生物，濫自吸用，會嚴重破壞神經系統，斷喪意志力和體力。

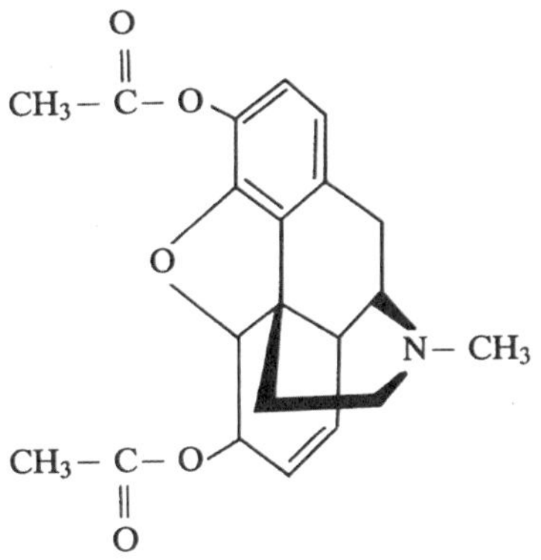

圖 8-7 海洛英的分子構造

奎寧即金雞納鹼（圖 8-8），其鹽酸和硫酸鹽為優良的解熱劑和治療瘧疾的藥物。奎寧的出現，使得全世界的瘧疾（其症狀為嚴重的忽冷忽熱，嚴重者會致命）消聲匿跡。

其他還有各類型的藥物，各有其治療效果和副作用，但需要遵照醫師指示來服用，不能私自亂服用，以避免破壞人體內生化反應的穩定性，而導致妨害人體的健康和發育。

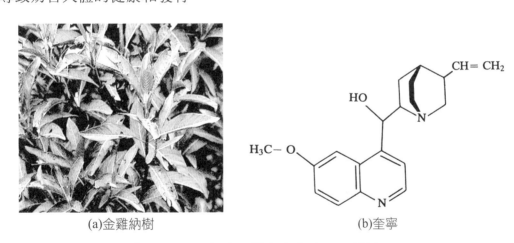

(a)金雞納樹   (b)奎寧

圖 8-8 金雞納樹和奎寧的分子構造

取自 M. S. Matta, A. C. Wilbraham and D. D. Staley, Introduction to General, Organic, and Biological Chemistry, D.C. Heath and Company, Toronto, 1996, p.482.

 學習評量

1. 舉例說明石油分餾中的產物。

2. 煉油工業從原油分出各種的成分，主要是利用油料何種物理性質的差異？

3. 加油站可見到 92、95 及 98 無鉛汽油，所謂 98 無鉛汽油代表的意義為何？

4. 我國「化妝品衛生管理條例」對化妝品的定義為何？

5. 界面活性劑在化妝品中使用的種類有哪些？

6. 說明維生素的種類、來源和缺乏症狀。

密度的測定

一、實驗目的

1. 瞭解密度的意義及公式的計算方法。
2. 學習天平秤重與體積量測方法。

二、實驗原理

1. 質量的測定：如圖 1 所示者為電子平台天平。由於它是利用電子儀器控制來秤重，可直接從液晶窗口所顯示出的數字而讀取所測物的質量，故其操作簡單而方便，且相當精密，其秤重範圍視機型而定。

2. 體積的測定：測量液體量的多寡，常用體積表示，而測定體積常用量筒、吸量管。

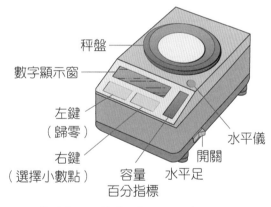

秤盤

數字顯示窗

左鍵
（歸零）

水平儀

右鍵
（選擇小數點）

開關

容量
百分指標

水平足

🔬 **圖 1**　數字型電子平台天平

3. 密度的測定

　(1) 固體密度的測定：於秤得某固體之質量後，如具有規則形狀者，可量度其邊長或直徑，依幾何體積公式加以計算其體積。不規則形狀者，可將物質丟入某液體中，該液體必須不能溶解且密度小於該物質，如此物質便會沉沒到液面下，而液面升高的體積即為物質體積。

由公式 D＝M/V（D 為密度，M 為質量，V 為體積）可求得固體之密度（g/cm^3 或 kg/m^3）。

(2) 液體密度的測定：測定液體的密度，類似測定固體的方法，先量取一定體積的液體，並秤其質量後，即可由公式 D＝M/V 求得該液體的密度。

三、實驗步驟

1. 固體密度的測定
   (1) 各秤取質量約 10g 的鋁片、銅片、鐵屑（或表 1 中之其他固體），精秤其重並記錄之。
   (2) 將上述試樣小心地分別投入已先盛好 20 mL 蒸餾水之量筒中，觀察水位體積之變化，並記錄之。
   (3) 求各試樣的密度，並與表 1 的數值比較。

2. 液體密度的測定
   (1) 用吸量管分別精確量取 25 mL 的正己烷及四氯化碳，各放入二個附有瓶塞且已經秤量好的錐形瓶中，並塞緊瓶塞，再秤量，求各液體的質量，並記錄之。
   (2) 計算各液體的密度。
   (3) 由教師處取得未知液，用吸量管精確量取 25 mL，若該未知液易揮發，則放入附有瓶塞已秤量好的錐形瓶中。若該未知液不易揮發，則放入已秤量好的燒杯中，再秤其質量，求得該未知液的質量，並記錄之。
   (4) 計算該未知液的密度，並由表 1 的數值判斷該未知液係屬何種物質。

表 1　常見物質的密度(20°C)

液體	g/cm³	固體金屬	g/cm³
正己烷	0.659	鎂	1.740
酒精	0.789	鋁	2.700
丙酮	0.791	鋅	7.140
煤油	0.800	鑄鐵	7.200
松節油	0.873	鋼	7.800
苯	0.879	黃銅或青銅	8.700
水	1.000	銅	8.890
海水	1.030	銀	10.500
四氯化碳	1.594	鉛	11.340
水銀(0°C)	13.595	金	19.300

非金屬固體	g/cm³	木材	g/cm³
冰(0°C)	0.922	松木	0.480
三合土	2.300	楓木	0.640
玻璃	2.600	橡樹木	0.720
花崗石	2.700	烏木、黑檀	1.200

 化 學
CHEMISTRY

實驗二
酸鹼滴定

一、實驗目的

1. 學習滴定操作技術，及正確使用滴定管刻度的讀數。

2. 標定未知濃度的鹼和未知濃度的酸。

3. 測定食用醋及洗衣粉之酸鹼度。

二、實驗原理

一般的水溶液均具有解離為氫離子(H^+)及氫氧離子(OH^-)的趨向。

$$H_2O_{(l)} \rightleftharpoons H^+_{(aq)} + OH^-_{(aq)} \qquad (2\text{-}1)$$

在 25°C 時，其解離的程度可用下式表示之：

$$【H^+】 \times 【OH^-】 = 1.0 \times 10^{-14} = K_w \qquad (25°C) \qquad (2\text{-}2)$$

其中 K_w 是水的溶解度積，純水的 H^+ 和 OH^- 的濃度相等，在 25°C 時，【H^+】＝【OH^-】＝ 10^{-7} 莫耳／升。至於如氫氧化鈉(NaOH)水溶液中的【OH^-】增加，促使(2-1)式反應向左，直到此兩種離子的乘積等於 10^{-14} 為止，此時【OH^-】＞【H^+】。

一般的酸溶解於水中可解離為 H^+ 及陰離子，而鹼溶解於水中亦可解離為 OH^- 及陽離子，當酸與鹼互相混合時則起中和反應(neutralization reaction)而形成水。

對於未知濃度的酸或鹼，可利用容量分析法來定量。以已知濃度的鹼溶液盛入滴定管內，然後滴入未知濃度的酸溶液內，當滴入已知濃度鹼的當量數和已知濃度酸的當量數相等時，溶液可完全中和，滴定到達此狀態時稱為當量點(equivalence point)。

以 N_a，N_b 各代表酸及鹼的當量濃度，V_a，V_b 各代表酸及鹼滴定時所使用的體積，達當量點時，下式成立。

$$N_a \times V_a = N_b \times V_b \tag{2-3}$$

而當量點的到達，通常是利用指示劑的顏色變化來觀察。強酸－強鹼的當量點在 $pH=7$，而強酸－弱鹼、或弱酸－強鹼的當量點，則因所形成鹽類的再水解，分別呈酸性或鹼性，因此要選擇適當的指示劑，使指示劑的變色點（即一般所稱的滴定終點(end point)）盡量和當量點一致（參閱表2）。

表 2 滴定時指示劑的選擇

酸	鹼	當量點時的溶液性質	可採用的指示劑
強	強	中性	酚酞、甲基橙
強	弱	酸性	甲基橙
弱	強	鹼性	酚酞
弱	弱	約為中性	石蕊

三、實驗步驟

1. 標定 NaOH 溶液之濃度
   (1) 將滴定管洗淨，用 5mL 欲標定之 NaOH 溶液沖洗，再裝滿此 NaOH 溶液（如圖 2 所示）。
   (2) 取鄰苯二甲酸氫鉀（$C_6H_4(COOH)(COOK)$，分子量＝204）約 0.8g，精稱其重 W，放入 250 mL 錐形瓶中。
   (3) 錐形瓶內再加蒸餾水約 50mL 溶解後作為標準溶液，加入一滴酚酞指示劑，此時溶液為無色。
   (4) 用 NaOH 溶液滴定至呈粉紅色，記錄 NaOH 溶液用量 V_b。
   (5) 計算 NaOH 溶液之濃度 N_b。
   (6) 重做一次，求出 N_b 之平均值。

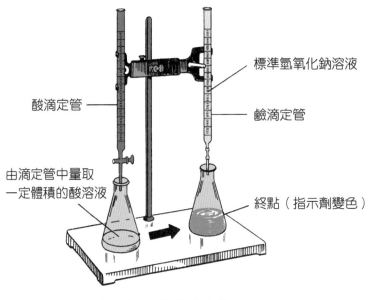

標準氫氧化鈉溶液

酸滴定管 —

鹼滴定管

由滴定管中量取
一定體積的酸溶液

終點（指示劑變色）

圖 2　酸鹼滴定裝置

2. 標定 HCl 溶液之濃度

(1) 將滴定管洗淨，用 5mL 欲標定之 HCl 溶液沖洗，再裝滿此 HCl 溶液。

(2) 由滴定管中精確滴取 20 mL HCl 溶液至 250 mL 之錐形瓶中，並加入
一滴酚酞指示劑，此時溶液為無色。

(3) 用前項標定過之 NaOH 溶液滴定至呈粉紅色，記錄 NaOH 溶液用量
V_b。

(4) 計算 HCl 溶液之濃度 N_a。

(5) 重做一次，求出 N_a 之平均值。

3. 食醋之酸度分析

(1) 取 5 mL 食醋（CH_3COOH，分子量＝60），放入 250 mL 錐形瓶中，
加蒸餾水約 50 mL。

(2) 加 1 滴酚酞指示劑，此時溶液為無色，用已標定過之 NaOH 滴定至
呈粉紅色，記錄 NaOH 溶液之用量 V_b。

(3) 計算食醋之酸度。

(4) 重做一次，求出食醋酸度之平均值。

4. 洗衣粉之鹼度分析

(1) 取洗衣粉約 0.5g，精秤其重 W，放入 250 mL 錐形瓶中，加入 50 mL 蒸餾水溶解後，加 1 滴甲基橙指示劑，此時溶液呈黃色。

(2) 用已標定過之 HCl 滴定至呈紅色，記錄 HCl 溶液之用量 V_a。

(3) 計算洗衣粉之鹼度（以 Na_2O 表示，分子量＝62）。

(4) 重做一次，求出洗衣粉鹼度之平均值。

實驗三
滲透作用－化學花園

一、實驗目的

1. 瞭解滲透作用原理。
2. 觀察滲透作用的發生。

二、實驗原理

　　滲透作用(osmosis)係指溶劑由較稀薄溶液（或純溶劑）通過半透膜進入較濃溶液的現象。滲透作用在日常生活中有著廣泛的應用。如在醫學上，給患尿毒症的病人做血液透析，就是利用血液透析機亦即人工腎臟的半透膜，將患者的血液與透析液隔開，血液中的毒性物質因滲透作用被清除，缺乏的物質得到補充，以達到治療的目的，於日常生活中，將黃瓜、蘿蔔等浸在濃食鹽水中，則由於滲透作用而失水，萎縮成醃黃瓜、醃蘿蔔。

　　於水玻璃($Na_2O \cdot nSiO_2 \cdot xH_2O$)溶液中，加入金屬鹽類的晶體，其金屬晶體與水玻璃作用，其晶體表面產生偏矽酸鹽的薄膜，此薄膜具有半透膜的功效。因此水玻璃溶液的水經半透膜向晶體內滲透，但滲透的水使晶體溶解。進而使半透膜膨脹破裂，使溶解的金屬鹽溶液流出，流出液的表面又構成半透膜，水又滲透進入，再度破裂，又流出溶解的金屬鹽溶液。如此繼續進行生長，結果形成許多線狀物。因此水玻璃溶液中，若加入各種不同顏色的金屬鹽，可形成各種顏色不同的線狀物，構成美麗的化學花園(chemical garden)（如圖 3）。

🔵 **圖 3** 化學花園

三、實驗步驟

1. 將 10 mL 的水玻璃溶液，置於 100 mL 的燒杯中，再加入 50 mL 的蒸餾水，攪拌均勻。

2. 分別取米粒大小，不同顏色的金屬鹽晶體氯化鐵、硫酸銅、硫酸鎳、氯化鎳、氯化鎂、硝酸鈷等，依序將晶體置於水玻璃溶液中，靜置數分鐘，注意不可攪拌，觀察滲透作用的發生及樹狀物的形成，及其繽紛的色彩，即可得到花團錦簇的化學花園。

實驗四
葉脈書籤的製作

一、實驗目的

1. 使用化學方法，利用各種不同葉子的葉脈組織，製作出可使用的書籤。
2. 瞭解強鹼的腐蝕性質。

二、實驗原理

我們常在野外或水溝中看見爛到只剩下葉脈的落葉，沖洗乾淨後夾在書中，也是一個賞心悅目的書籤。但是此種葉脈的形成，有的要浸在發臭的水中，利用微生物孳生來分解葉肉，而且要 1~2 個月後才能形成，既不衛生又費時。而本實驗是利用氫氧化鈉（強鹼）來腐蝕分解葉片中的葉肉，經過數分鐘之化學反應的作用，即可得到美麗的網狀葉脈書籤。

加熱並加入強鹼，主要是破壞葉肉細胞表面的細胞膜，因為細胞膜主要成分是脂質，鹼性的溶液能夠將脂質帶走，細胞膜破裂後，葉肉就容易用牙刷刷掉，留下美美的葉脈。葉脈是植物運輸、支持的組織，當我們將葉脈製作

🔵 **圖 4**　葉脈書籤

成葉脈書籤時，可清楚的顯示植物脈序的分布，遠比新鮮葉片容易觀察，若將葉脈經染色，再加工製作，可得非常美觀的葉脈書籤（圖 4）。

三、實驗步驟

1. 摘取葉脈較堅硬的葉子數片（如桂花葉、玉蘭花葉、白楊木葉、馬拉巴栗葉、夜百合葉等）。

   ＊所摘的葉子大小適當，不要有殘缺，葉子老一點好，不要太嫩。

2. 於燒杯中加 300 mL 的水，再加入 25g 氫氧化鈉(NaOH)，並攪拌至完全溶解。

3. 將葉片放到氫氧化鈉(NaOH)水溶液中，並使葉片完全浸泡在 NaOH 水溶液中。

4. 將燒杯置於石棉心網上，加熱至沸騰，沸騰後約 20 分鐘即可用鑷子把葉片夾出，時間依葉子的厚薄度不同而定。

5. 將夾起的葉片先用清水清洗，再用刷子輕輕將葉肉部分刷掉，可以邊刷邊沖洗，效果更佳（若葉片的葉肉刷不掉，可再置於燒杯內煮一段時間，再用刷子輕輕地把葉肉刷掉）。

6. 將所得到完整的葉脈部分，放入漂白水中漂白（不可浸泡太久，見顏色褪去即可取出）。

7. 將水彩或廣告顏料加至盛有清水的燒杯中，把葉脈放入浸泡約 5 分鐘，即可染成所要的顏色。

8. 將染過色的葉脈晾乾，用膠水黏貼在書籤紙上，可利用護貝機將乾燥的葉脈書籤護貝，可以保存較久。

實驗五
不打破而能脫殼的蛋

一、實驗目的

觀察蛋不能打破而能脫殼的現象。

二、實驗原理

醋的化學名稱是「醋酸」，蛋殼是由碳酸鈣合成的，醋酸與碳酸鈣的反應作用，會使蛋殼溶化，並產生二氧化碳的氣泡。蛋殼表面開始出現氣泡，經過一段時間後，氣泡的數量增加，24 小時後，蛋殼消失。有時，蛋會浮在醋的表面上。至於脫殼的蛋，被白而透明的薄膜包著，所以能保持原形。對此，透過薄膜就能看到蛋黃。

三、實驗步驟

1. 將蛋輕放在廣口瓶內，請小心勿打破蛋殼。
2. 把醋倒進瓶內，需淹沒整顆蛋。
3. 瓶子蓋上瓶蓋。
4. 立刻觀察瓶內的情形，24 小時後，以固定的時間觀察數次。

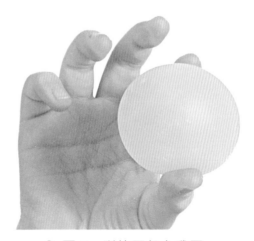

圖 5　脫掉蛋殼之雞蛋

實驗六　會溶解的毛髮

一、實驗目的

用漂白劑溶解毛髮。

二、實驗原理

毛髮為酸性；漂白劑為鹼性。酸與鹼產生反應，稱為中和反應。中和反應後，所形成的物質既非鹼性也非酸性。漂白劑會溶解酸性的纖維，所以毛髮被其溶解。

三、實驗步驟

1. 在玻璃瓶內倒進少量的漂白劑。

2. 將毛髮（可至美容院索取）放進漂白劑裡。

3. 使毛髮浸泡 20 分鐘。

4. 漂白劑表面產生泡沫，而毛髮上有小泡沫黏附著，到最後毛髮會全部溶解。

＊注意：若不小心沾到漂白劑，應立即用大量清水沖洗患部。

實驗七
檸檬汁當墨水

一、實驗目的

觀察文字與圖畫如魔術般出現的現象。

二、實驗原理

　　紙內含有的澱粉，會與碘反應形成碘澱粉分子，而呈現藍紫色；當維生素 C 與碘反應時，會產生無色的現象。這是因為檸檬中含有維生素 C，因此以檸檬汁寫字的部分不會有顏色改變。紙張上除了寫字的部分呈現無色外，其餘部分皆為藍紫色。

三、實驗步驟

1. 倒半杯水於盤子中。
2. 滴十滴碘酒於盤子內和水混合均勻。
3. 擠壓檸檬汁於杯內。
4. 將紙裁剪成剛好可放在盤子上的大小。
5. 將畫筆浸在檸檬汁中，然後在紙上寫出自己喜愛的圖畫或文字。
6. 寫完後，將紙烘乾。
7. 最後把烘乾的紙放置於溶有碘溶液的盤子裡。

一、實驗目的

利用香料製造香水。

二、實驗原理

　　將丁香的果實浸泡在酒精內數日，丁香的果實內其香料油溶解於酒精中。當此溶液塗抹在手上時，酒精會蒸發而丁香的香味則留置於皮膚上。同理，製造香水，可利用不同花的香料浸泡於酒精中來製造不同的香水。

三、實驗步驟

1. 將丁香的果實放進瓶內。
2. 倒進半瓶酒精於玻璃瓶內。
3. 蓋緊瓶蓋，靜置七天。
4. 打開蓋子，沾抹些許瓶中的溶液在手掌上。
5. 待酒精蒸發後，聞其味道。手掌上會留下少許的香味。

圖 6　丁香果實及香水成品

實驗九
酒精果凍

一、實驗目的

將液態的藥用酒精變成膠態。

二、實驗原理

酒精塊（膠態酒精）是日常用品，常用於火鍋加熱，因此膠態酒精的安全性就顯得相當重要。由於膠態酒精屬於高度易燃化學物質，在添加膠態酒酒精之前，一定要等火焰完全熄滅後再行添加；否則未熄滅的火苗容易順著添加的膠態酒精往上燃燒。一般常見的酒精塊，大多呈紅色。因為其原料為工業酒精，有滲入紅色色素及甲醇，用以和藥用酒精或食用酒精相區隔。

膠態酒精（酒精塊）的形成是由於酒精分子與醋酸鈣之間以氫鍵以及金屬偶極吸引力之物理靜電力結合在一起。鈣離子可以凝聚乙醇分子，使其膠化。形成黏度很大的半固狀物。點火酒精塊燃燒，火焰顏色由淡藍色變成淡紅色。淡藍色是酒精燃燒的焰色；淡紅色是鈣的的焰色。

三、實驗步驟

1. 在一燒杯中倒入約 50 mL 的 95%藥用酒精（乙醇，C_2H_5OH）。

2. 將約 20 mL 的飽和醋酸鈣水溶液加入酒精中，仔細觀察其變化。

3. 靜置數分鐘後，將已膠化的酒精取出，置於玻璃皿中，點火試其可燃性。

4. 燃燒完全後，觀察最終產物的性質。

圖 7　酒精塊及酒精膏

實驗十
蜂蠟椰油護唇膏

一、實驗目的

精油護唇膏 DIY。

二、實驗原理

其實護唇膏就是一種介乎「蠟」與「油」的調和材料。固態的蠟維持它的硬度，油維持它的柔軟度，所以要做出護唇膏，只要想想硬度如何，以及要有什麼香氣就夠了。

當然要是講究點，可以用一些高檔的材料，讓它深具保護與滋潤的用途。

三、實驗步驟

將 10 克蜂蠟加上 40 c.c.的椰子油隔水加熱溶解（可加入精油），趁熱倒入旋轉式護唇棒容器中，待冷卻後就是一支自製的蜂蠟護唇膏。

🔹 圖 8　自製護唇膏

一、實驗目的

1. 認識自然界中有許多食物與植物的香味乃是來自於酯類化合物。

2. 進一步認識有機化合物中的酯類化合物及其反應形式。

3. 瞭解實驗室中合成酯類化合物（人工花果香料）的方法。

二、實驗原理

　　酯類化合物(esters)一般是無色的。分子量低者為液體，具揮發性，且多為花卉或水果的特殊香味，因此又稱為果香精；常添加於餅乾、糖果與飲料上，並可用作油漆的溶劑、人造纖維、照相軟片和化妝品的製造原料。至於高分子量的酯類則多為固體，且不具香味，例如脂肪、油、鯨蠟、蜂蠟、阿斯匹靈等。除了食物的油脂外，蠟類常見於動物毛皮的保護層，且多用於製造鞋油、蠟燭、地板蠟和藥物及化妝品的軟膏。

　　果香精類的人工香味分子在實驗室即可合成，是由有機酸(RCOOH)與醇類(R'OH)作用，脫去一分子水而產生的分子量較小的酯類化合物，此反應稱酯化反應(esterification)。酯化反應為可逆反應，故常加入濃硫酸當脫水劑，以除去反應所生成的水，因此可減少逆反應發生，而獲得較多的酯類產物，所得的酯類名稱即由其反應物而來，其反應方程式及命名方式如下：

x酸　　　　　　　y醇　　　　　　　　　x酸y酯

🔵 **圖 9** 酯類具水果香味

三、實驗步驟

1. 先以 500 mL 的燒杯，裝水至約 1/2 滿，加熱至沸騰當熱水浴。

2. 依表 3 所示，將有機酸、醇及濃硫酸加入試管中，試管口蓋上鋁箔紙，並搖晃試管使內容物均勻混合，小心勿濺出。

3. 將試管放入熱水浴中加熱，煮沸約 2 分鐘。

4. 戴上防護眼鏡，除去鋁箔，並以手搧試管口聞其味道。也可將試管內溶液取出 1~2 滴，加入熱水中，如此有助於香味之擴散。

表 3 合成各種常見水果香料的成分與用量

酸	醇	濃硫酸	酯類	香味
冰醋酸 3 mL	異戊醇 2 mL	15~20 滴	乙酸異戊酯	香蕉
冰醋酸 3 mL	正辛醇 2 mL	10~15 滴	乙酸正辛酯	橘子
正丁酸 2 mL	甲醇 2 mL	15~20 滴	正丁酸甲酯	蘋果
正丁酸 2 mL	乙醇 2 mL	15~20 滴	正丁酸乙酯	鳳梨
丙酸 3 mL	正戊醇 2 mL	15~20 滴	丙酸正戊酯	杏子
水楊酸 1 g	甲醇 2 mL	8~10 滴	水楊酸甲酯	冬青油

國家圖書館出版品預行編目資料

化學／紀致中編著. － 第三版. － 新北市：
新文京開發，2020.11
　　面；　公分

　　ISBN　978-986-430-668-8（平裝）

　　1. 化學

340　　　　　　　　　　　　　　　109014027

化　學（第三版）　　　　　　　　　（書號：E408e3）

編 著 者	紀致中
出 版 者	新文京開發出版股份有限公司
地　　址	新北市中和區中山路二段 362 號 9 樓
電　　話	(02) 2244-8188（代表號）
F A X	(02) 2244-8189
郵　　撥	1958730-2
第 一 版	2014 年 8 月 08 日
第 二 版	2016 年 2 月 10 日
第 三 版	2020 年 11 月 2 日

新文京開發出版股份有限公司

NEW
WCDP

新世紀‧新視野‧新文京—精選教科書‧考試用書‧專業參考書